城市污泥与鸡粪对土壤和作物重金属Cu、Zn累积的影响及生态风险评价

郑海霞 冯 玉 著

北方联合出版传媒（集团）股份有限公司

辽宁科学技术出版社

·沈 阳·

图书在版编目（CIP）数据

城市污泥与鸡粪对土壤和作物重金属Cu、Zn累积的影响及生态风险评价 / 郑海霞, 冯玉著. —— 沈阳 : 辽宁科学技术出版社, 2023.9

ISBN 978-7-5591-3235-2

Ⅰ.①城… Ⅱ.①郑… ②冯… Ⅲ.①城市—污泥—影响—作物—土壤污染—重金属污染—研究②禽粪—影响—作物—土壤污染—重金属污染—研究 Ⅳ.①X53

中国国家版本馆CIP数据核字(2023)第174779号

出版发行：辽宁科学技术出版社
　　　　　（地址：沈阳市和平区十一纬路 25 号邮编：110003）
印 刷 者：三河市华晨印务有限公司
经 销 者：各地新华书店
幅面尺寸：170 mm × 240 mm
印　　张：12.5
字　　数：220 千字
出版时间：2023 年 9 月第 1 版
印刷时间：2023 年 9 月第 1 次印刷
责任编辑：凌　敏
封面设计：优盛文化
版式设计：优盛文化
责任校对：王玉宝

书　　号：ISBN 978-7-5591-3235-2
定　　价：88.00 元

联系电话：024-23284363
邮购热线：024-23284502
E-mail：lingmin19@163.com

随着污水处理事业和规模化集约化养殖场的发展，城市生活污泥和畜禽粪便在不断产生。城市生活污泥和畜禽粪便均富含有机质以及氮、磷、钾等植物生长必需的营养元素，将其无害化处理（堆沤腐熟）后进行土地资源化利用，不仅实现了二者的物质再循环和能量再利用，而且可部分替代化肥，实现我国农业生产中的化肥减量行动，推动山西省以及我国西北地区有机（旱作）农业的发展。但城市生活污泥和鸡粪堆肥含有一定量的重金属，这成为土地利用特别是农用的主要限制因素之一。城市生活污泥和鸡粪堆肥中重金属铜（Cu）和锌（Zn）含量较高，而 Cu、Zn 是植物必需的微量营养元素。因此，明确城市污泥和鸡粪堆肥对不同土壤和植物中 Cu、Zn 的累积效应和影响因素，对合理施用城市污泥和鸡粪堆肥为植物生长提供 Cu 和 Zn 营养元素而不造成生态环境问题具有重要理论和实践意义。本书利用盆栽试验和大田试验相结合的方法研究城市污泥与鸡粪堆肥对不同土壤和作物中重金属 Cu 和 Zn 的累积及土壤性质、作物生长的影响。其主要研究结果和结论如下。

（1）城市污泥配施不同量鸡粪使砖红壤、红壤和石灰性褐土中有机质含量均显著增加，其有机质增幅大小为红壤＞石灰性褐土＞砖红壤；同时使砖红壤和红壤 pH 显著增加，而使石灰性褐土的 pH 显著减小。城市污泥配施鸡粪使 3 种供试土壤全 Cu 和全 Zn 含量均显著增加，3 种土壤中有效态 Zn 的含量均呈增加的变化趋势，而砖红壤中有效态 Cu 含量也呈显著增加趋势，但红壤和石灰性褐土有效态 Cu 含量呈先增加后降低的变化趋势。小白菜在砖红壤上生长最好且各生物量最大；鸡粪配施量增加使 3 种土壤中小白菜地上部分 Zn 含量增加，却降低了 Cu 含量；小白菜 Cu、Zn 的富集受到城市污泥与鸡粪的配比、土壤 pH 和土壤有机质含量的影响，随着土壤 pH 和有机质的增加，小白菜 Cu 的富集作用增加；而除石灰性褐土 SM$_{60}$ 处理外，其余各土壤各处理小白菜 Zn 的富集作用均随着配施鸡粪量的增加而降低，且 Cu、Zn 两者的富集系数均小于 1。由此可知，城市污泥配施不同量鸡粪可以显著增加土壤有机质和作物生物量；在碱性土壤上，城市污泥配施不同量鸡粪对重金属 Cu、Zn 的固定能力最强；在有机质含量低的酸性土壤上，城市污泥和鸡粪的配比越小，小白菜的生物量越大。

（2）在石灰性褐土中，鸡粪施用量的增加导致第一、二、三茬玉米苗期的土壤全 Cu、全 Zn 含量显著增加，但其在不同土壤中的变化趋势不同：鸡粪施用量的增加导致有效态 Cu 含量降低和有效态 Zn 含量增加。三茬苗期玉米株高、根长、地上部 / 地下部干重均呈先升高后降低的趋势，最后基本上趋于稳定，且大小均表现为第一茬＞第二茬＞第三茬。鸡粪施用量的增加显著降低了三茬苗期玉米 Cu 和 Zn 的富集系数，且 Cu、Zn 的富集系数均小于 1，Zn 的富集系数大于 Cu。由此可知，在石灰性土壤中配施鸡粪须增加玉米的种植密度，以增加 Cu 和 Zn 在土壤中的固定作用。

（3）污泥施用量的增加，显著增加了玉米四个生长期（苗期、拔节期、抽穗期和成熟期）玉米株高、根长、株鲜重、株干重、根鲜重和根干重，同时显著增加了成熟期玉米茎、叶和苞叶的重量以及玉米的穗长、穗粗、穗粒数和百粒重。高量污泥使得玉米经济产量（S$_M$ 中量处理除外）显著增加。污泥施用量的增加导致成熟期玉米土壤中重金属 Cu、Zn 含量显著增加。另外，低量城市污泥对 Zn 含量的增加作用大于 Cu，中、高量城市污泥对 Cu 含量的影响作用大于 Zn。污泥施用量的增加也导致玉米籽粒中 Cu、Zn 含量增加，其中 Cu 含量呈先增加后降低趋势，Zn 含量呈不断增加趋势。污泥施用量的增加使玉米籽粒中 Cu、Zn 的富集系数呈先增加后降低的趋势。玉米籽粒中 Cu 的富集系数小于 Zn 的富集系数，且富集系数均小于 1。由此可知，高量的城市污泥与中量相比，玉米产量增加不显著，因为高量城市污泥导致了玉米中 Cu、Zn 的富集，因此需减量施用城市污泥以达到作物增产效果和保证作物品质，最佳城市污泥施用量为 S_M 中量处理。

（4）盆栽小白菜红壤 Cu、Zn 的单因子污染指数（P_i）和内梅罗综合污染指数（P_N）均大于 0.7 且小于 1，污染等级为"警戒级"，其余各试验各土壤 Cu、Zn 单因子污染指数和内梅罗综合污染指数均小于或等于 0.7，污染等级均为"安全"。各试验土壤 Cu、Zn 潜在生态风险指数（E_i）和潜在生态风险综合指数（I_R）均未超过 10，远小于两者的临界值 30 和 60。这说明将城市污泥和不同量鸡粪配施基本不会造成土壤 Cu、Zn 的污染，潜在生态风险极低。

本研究能够为城市生活污泥和畜禽粪便等有机肥源的安全高效土地利用提供一定的理论意义和应用价值。

目　录

第 1 章　绪论

1.1 研究背景及意义

目前，随着人口的增长和城市化进程的加快，各国政府与公众越来越重视水处理事业，我国以及全球城市生活污泥产生量急剧增加。据报道，截至 2020 年，我国设市城市累计建成污水处理厂 5 500 多座，污水处理能力已达 2.04 亿 m³/d，年产生含水量 80% 的生活污泥 6 000 多万吨。城市生活污泥富含有机质以及氮（N）、磷（P）、钾（K）等植物生长必需的营养元素，从废物资源化利用以及养分再循环和能量再利用等方面来看，城市生活污泥的土地利用是一种兼具环境、生态和社会效益的处置方法。

畜禽粪便是我国主要的传统有机肥资源之一，但在我国现代农业生产中，由于化学肥料显著的增产效应，从 20 世纪七八十年代开始，我国化学肥料得到大力推广施用，而有机肥的施用却逐渐被忽视。据中国国家统计局的数据显示，1978—2018 年化肥的施用量增长率为 539.52%，但是长期和过量施用化肥并未带来作物产量的持续增加，1978—2018 年粮食的增长率仅为 115.87%，且化肥对粮食增产的贡献率呈下降趋势。而且，长期过量和不合理地施用化肥可能会造成土壤持续酸化、土壤团粒结构破坏、土壤板结、肥力下降、地下水污染、粮食蔬菜产量与品质严重下降等问题，从而增加人类健康风险。另外，随着人民生活水平的提高，我国对肉、蛋、奶等动物产品的需求量大幅增加，这推动了我国规模化和集约化养殖模式的发展，导致畜禽粪便大量产生。据统计，我国畜禽粪便排放量 1980 年仅为

6.9×10^8 t，2011—2015 年我国畜禽粪便年均排放量约为 23.35×10^8 t。根据相关统计资料显示，目前我国畜禽粪污年平均排放量已达到 38×10^8 t，但在我国现代农业生产中，目前畜禽粪便肥料资源化利用率还不足 60%。

城市生活污泥土地利用虽然是全球广为使用的经济实用的处置方式，但是城市生活污泥和畜禽粪便中含有种类繁多、数量不同的重金属，重金属的累积性和不易去除等特点成为畜禽粪便特别是城市生活污泥土地利用的主要限制因素，也成为人们普遍担忧其土地利用的生态环境问题。在城市生活污泥和畜禽粪便所含重金属中，Cu 和 Zn 又是植物必需的微量营养元素，二者具有重要的生理功能。但是，如果 Cu 和 Zn 含量过高，也会对植物产生毒害作用，引起代谢过程紊乱，生长发育受阻，甚至导致植物死亡。我国城市生活污泥中重金属含量顺序多为 Zn> Cu > Cr> Pb> As> Cd> Hg，且 Cu 和 Zn 也多为超标重金属，且城市生活污泥中重金属 Zn 含量的 70% 以上以不稳定形态存在，更容易对土壤和作物产生较大影响。我国畜禽养殖中的饲料添加剂中普遍含有 Cu、Zn 等重金属，畜禽体内未利用的重金属大部分积累在畜禽粪便中。有研究表明，土壤中重金属 Cu 和 Zn 累积量的 37% ～ 40% 和 8% ～ 17% 源于畜禽粪便，而且华北地区畜禽粪便中重金属超标以 Cu 和 Zn 为主，其中鸡粪的超标情况最为严重，肉鸡的鸡粪中 Cu 和 Zn 污染超标率分别为 66.67% 和 50%。

针对城市生活污泥重金属以及其他污染物的生态环境问题，我国对其土地利用的限制越来越严格。国家市场监督管理总局和中国国家标准化管理委员会 2018 年 5 月 14 日发布，2019 年 6 月 1 日实施的中华人民共和国国家标准《农用污泥污染物控制标准》（GB 4282—2018）对其农用制定了分类利用标准，限制严格的 A 级污泥产物可用于耕地、园地和牧草地，而限制较宽的 B 级污泥产物可用于园地、牧草地和不种植食用农作物的耕地。而中华人民共和国农业农村部2021年5月7日发布，2021年6月1日实施的中华人民共和国农业行业标准《有机肥料》（NY/T 525—2021）在其原料要求中将污泥列为禁止选用原料，但并未明确限制经过稳定无害化处理后符合农用标准的城市生活污泥进行农用，且非食物生产的农田，如工业用原料生产土地、林地、观赏草坪等均可为城市生活污泥提供安全的资源化利用，且只有土地利用才能简捷高效地发挥城市生活污泥的有益价值。

城市生活污泥和鸡粪有机肥重金属对生态环境的影响不仅与其全量有关，更与其生物有效性有关。城市污泥和鸡粪有机肥重金属随施肥进入土壤后，其生物有效性受多方面的因素影响，其中土壤酸碱性和有机质对重金属有效性具有显著的影响。一般而言，酸性土壤中重金属的生物有效性大于碱性土壤中重金属的生物有效性，而土壤有机质对重金属的生物有效性的影响比较复杂，主要与大分子有机物质与重金属形成螯合物的稳定性有关。而城市生活污泥特别是鸡粪中含有大量的有机质，施入土壤后的转化（腐质化和矿质化）过程中产生大量的有机大分子物质，参与土壤重金属的转化和影响其存在形态，从而影响土壤重金属的生物有效性。

因此，选择城市生活污泥和鸡粪中重金属Cu和Zn作为研究对象，研究其施入土壤中的生物有效性及影响因素，揭示其影响机制以及生态环境影响，越来越受到人们的广泛关注。并且，在我国制定的土地利用标准也越来越严格的情况下，对二者作为有机肥源的安全高效土地利用进行研究具有重要的理论意义和应用价值。

1.2 城市污泥与畜禽粪便及其处置处理方式

1.2.1 城市污泥概述

1.2.1.1 *污泥的定义*

随着城市污泥排放量的持续增加，其处理和处置成为各国政府面临的巨大挑战。城市污泥是城市污水处理厂在污水处理过程产生的固体有机废弃物的总称，其成分组成十分复杂，是一种富含20%左右粗蛋白的亲水胶团（陈萍丽，2006）。其中包括有机物质、无机物质和微生物，是非常复杂的非均质体。不仅含有居民生活废水或工业废水中的纤维、泥沙、动植物残体等各种固体颗粒，而且这些固体颗粒上会附着携带各类有机质、絮状物，以及对人类有害的重金属元素、病原体、虫卵等（张增强、薛澄泽，1997）。在这样的情况下，各国政府以及学者们不断探索出对城市污泥处理和处置的方法，处理处置观念也逐渐变得成熟。世界水环境组织为了更好地解释城市污泥的特性，在1995年重新将污水污泥定义为生物固体，即表明城市污泥是具有利用潜力并富含有机物质的资源。随后，城市污泥这种新型的资源也逐渐被公众所接受（刘丽芳，2010）。但城市污泥中毕竟含有复杂的组分，对环境和人体有一定的伤害，所以其安全性问题还是引起了各国政府和公众的重视。2002年，美国国家研究委员会重新定义城市污泥为经处理后达到各相关文件标准的污泥，所以对其利用也有了相关标准。

1.2.1.2 污泥的来源

城市污泥按照来源的不同大致可分为初沉污泥、二沉污泥、消化污泥等（李晓晨、赵丽、印华斌，2008）。初沉污泥主要来自初沉池，以无机物为主，颗粒较大，容易腐化发臭，因其中溶解性有机物多数未曾被微生物消化分解，可能含有虫卵和致病菌，是污泥处理的主要对象之一，它是污水在初步絮凝后通过重力沉降作用等形成的。一般含水率在97%左右，污水经过初沉池后，其中一半的可沉淀物和各类油脂可被去除。二沉污泥主要是剩余活性污泥，因其主要来源于活性污泥法系统中的二沉池污泥，也称为生物污泥，外观为褐色絮状物，主要以有机物为主，通常含水率较高，在99%以上，非常容易腐化发臭，是经由二沉池排出至浓缩池的活性污泥，也是污泥处理的主要对象之一。消化污泥包括好氧消化污泥和厌氧消化污泥。由二沉池回流到曝气池的污泥为回流污泥，回流污泥在曝气池中经好氧微生物消化后含水率降低，变为96%～98%，此时污泥变得有腐臭，易脱水。这种污泥一般呈深褐色，被称为好氧消化污泥，以消耗氧气的方式将污泥中的有机物质氧化，从而使得污泥的质量和体积下降。厌氧消化污泥则是在厌氧环境下消化的污泥，病原菌和虫卵也能作为有机质被厌氧微生物分解，含水率一般为90%～97%，含气体量大，多为热值很高的沼气，且颜色较深，一般在深褐色至黑色之间。好氧消化污泥和厌氧消化污泥则合称消化池污泥。消化池污泥中微生物的作用已趋向稳定（钟承辰，2015）。

1.2.1.3 污泥的特性

污泥的性质会直接影响其资源化利用，其性质指标在污泥利用和处置处理的过程中起着至关重要的作用。其性质指标主要包括污泥的酸碱性、含水率和含固率、水分的类型、挥发性固体、脱水性、有毒有害物质等方面。

（1）污泥的酸碱度

污泥的酸碱度通常用pH来衡量，其酸碱度能直接影响到污泥中重金属的形态和病原菌的类型及生长情况，因此其影响受到人们广泛关注。我国污水处理厂产生的污泥pH一般为6.5～7.0，总碱度20mg/L左右，均在正常范围之内（谢畅，2011）。

污泥含水率和含固率。它是污泥的一个基本性质，简单来说含水率就是污泥中的含水量占总污泥量的百分数，而含固率则是污泥中固体或干污泥含量占总污泥量的百分数。理论上两者相加等于100%。因污水的来源、水质不同，污水处理工艺不一样，各污水处理厂中污泥的含水量都各不相同（王东鑫 等,2013）。污泥的含水率由高到低，其形态也从几乎液态到近似固态不等，而根据污泥的形态差异，其运输难易不同，故其运输方式也会有所差异。污泥的含水率下降（含固率提高）将会大大降低污泥的体积。从污水处理厂产生的固体或半固体的城市污泥含水率相当高，一般污泥中固体含量越小，含水率就越高。通常来说，当含水率＞85%时，污泥呈流体状态，可以当作流体进行输送，未脱水的原污泥的含水率基本都在90%以上甚至95%以上（匡鸿 等,2012）。初沉池原污泥，颜色为灰色至棕色糊状物，有刺激性气味，含水率典型值为95%，干化池脱水不良，能机械脱水，初沉池污泥的含水率一般为92%～98%；活性污泥（剩余污泥），基本无特别气味，颜色为黄色到棕色之间，呈绒毛状，颜色深说明腐殖化程度高，颜色浅则是曝气不足，其生物活性强，难脱水，活性污泥的含水率一般为99%～99.5%；而生物滤池污泥的含水率一般在97%～99%（何品晶 等,2003）；当65%＜含水率＜85%时，污泥呈塑态状，需要用传送带或螺杆泵进行输送；当含水率＜65%时，污泥呈固态，这时候就需要用传送带之类的运输工具进行输送。栅渣污泥含水率80%左右，好氧消化污泥，黄色到棕色之间，有时难脱水，有生物活性。

（2）污泥中水分的类型

污泥中水分的类型是指污泥中水分的不同形态。污泥中含有的水分其实也是分不同类型的，主要有4类，包括游离水：存在于颗粒污泥的间隙之中，也称为间隙水，这部分约占污泥水分的70%，可以通过重力或离心力进行固液分离；毛细水：存在于污泥颗粒间的毛细管中，约占污泥水分的20%，需要更大的外力来进行分离；附着水：主要是黏附在污泥颗粒或细胞表面的水；内部水：主要是存在于污泥颗粒内部以及细胞内部的水。对于附着水和内部水而言，单纯地通过重力或离心力进行去除，是相当困难的。因此需要根据污泥含水率和最终的处置方式来选择不同的污泥处理方法。

（3）污泥中挥发性固体

污泥中挥发性固体，这里实际上指的是VSS，用来表示污泥中有机物的含量，污泥中有机物的含量越高，污泥的稳定性就会越差，就需要对污泥中的有机物进行稳定化的处理。我国城市污泥碳水化合物含量高、脂肪含量低，VSS、有机组分中的淀粉、纤维和糖类等碳水化合物的含量高于500%，脂肪含量低约200%；有机物的含量一般也在50%以下，而工业污水多的发达国家城市污泥有机组分多在70% ～ 80%（鲁群，2006）。

（4）污泥的脱水性能

污泥的脱水性能是指污泥中脱水的难易情况。污泥的脱水性能与污泥的性质、有机物的含量、调理方法以及条件密切相关。在污泥脱水前我们通常需要对其进行预处理，来改变污泥粒子的物化性质，破坏它的胶体结构，减少污泥与水的亲和力，从而改变污泥的脱水性能，以上这个过程也就是我们常说的污泥的调理或调质。用来衡量污泥的脱水性能主要有两个指标，一是污泥过滤比阻抗值（r），单位干重污泥滤饼的过滤阻力，r 越大，代表越难过滤，脱水性能也就越差；二是污泥毛细管吸水时间（CST）：简单来说就是污泥与滤池接触时，在毛细管作用下，污泥中的水分会在滤纸上渗透，在滤池上渗透 1cm 长度的时间就是 CST，单位是秒，CST 越大，则脱水性能越差。污泥的脱水性还与污泥的相对密度有关。污泥的质量与同体积水质量的比值为污泥的相对密度，生活污泥的相对密度较低，一般为 1；工业污泥的相对密度较高。污泥种类相同的情况下，相对密度的大小主要决定于污泥的含水率和污泥中固体的相对密度大小（姜瑞勋，2008）。含水率越高，固体相对密度越小，污泥的相对密度也越小；反之，其相对密度则越大。

（5）污泥的两面性

污泥的两面性是指污泥对人类及环境来讲既存在有利的一面，又存在不利影响。污泥中通常都会含有一定量的氮、磷、钾，这些元素对植物生长发育都具有一定的促进作用，因此污泥的其中一个重要资源化途径是用作肥料。但是根据不同的情况，污泥中还会含有一些细菌、病毒和寄生虫卵等物质，这些都需要在将污泥用作肥料之前进行相关的处理，另外，污泥中的重金属含量也会影响到其用途。污泥中重金属的类型和含量也成为污泥资源化利用的一个亟待解决的问题。

1.2.1.3 污泥的分类

城市污泥的分类标准较多，按污泥的性质可分为以有机物为主的污泥和以无机物为主的沉渣；而按照污水处理工艺可将污泥分为初沉污泥、剩余污泥、消化污泥和化学污泥。初沉污泥是指一级处理过程中产生的污泥，也就是在初沉池中沉淀下来的污泥；剩余污泥即生化污泥，是指在生化处理工艺等二级处理过程中排放的污泥；消化污泥是指初沉污泥、剩余污泥经消化处理后达到稳定化、无害化的污泥，其中大部分有机物被消化分解，因而污泥不易腐败，同时污泥中的寄生虫卵和病原微生物被杀灭；化学污泥是指絮凝沉淀和化学深度处理过程中产生的污泥，如石灰法除磷、酸碱废水中和以及电解法等产生的沉淀物。

1.2.2 畜禽粪便概述

我国是农业大国，畜牧业是我国第一产业的重要组成部分，为经济发展提供了重要支撑。随着经济的快速发展，人民生活水平逐渐提高，对肉、蛋、奶的需求也急剧增加。在我国早期的传统畜牧业生产中主要以农家个体饲养为主，农家个体畜禽养殖数量不多，其产生的粪尿量相对较少，到了20世纪80年代中期，一方面由于我国自然资源的约束，畜产品生产的发展只能通过资源的强化使用来实现，另一方面随着畜牧业的飞速发展，畜禽养殖废弃物的产生量也在逐年增加，畜牧业生产出现集约化、集中化的趋势。一些地方将规模化畜禽养殖作为产业结构调整、增加农民收入的重要途径加以鼓励，部分大城市和城郊出现了一批集约化或工厂化畜牧场。经过几十年的发展，畜禽养殖规模越来越大，生产集约化程度越来越高，并与种植业相互分离日益脱节，产生的畜禽粪污在一定的时空范围内没有足够的土地消纳，出现了处理处置的问题。再加上集约化养殖的发展过程中，畜禽粪便的资源化利用也容易被忽视。

1.2.2.1 畜禽粪便的排放情况

中国第一次污染普查公报显示，2010年中国畜禽养殖业粪便产生2.43亿t，尿液产生1.63亿t，畜禽养殖业主要水污染排放量为化学需氧量127万t、总氮102万t、总磷16.1万t。2016年中国畜禽粪便数量达31.6亿t，其中含氮（N）、磷（P_2O_5）、钾（K_2O）分别为1480万t、901万t和1450万t。又据国家统计局调查显示，畜禽粪便总量从2003年的22.1亿t增加到2019年的38.0亿t，增幅72.0%。

王亮等（2012）的研究显示，一家万头规模化养牛场，每天可产生1万t左右牛粪。畜禽粪便的产量如此巨大，如若随意堆积，会导致周围空气中的氨气（NH_3）和硫化氢（H_2S）等有害气体的浓度升高，会对空气造成较严重的污染并且危害当地居民的身体健康。若直接将畜禽粪便施用到农田，则会引起土壤中氮和磷的富集。所以如此大量的畜禽粪便若不能科学合理地加以利用处理，会对生态环境造成非常大的影响。而且畜禽粪便的随意排放导致土壤结构失衡、有害物质累积，严重抑制农作物生长。不仅在中国畜禽粪便的排放已成问题，国外也不例外。Hooda等（2001）的研究显示加拿大和新西兰一些地区大型农场附近长期以畜禽粪便为肥料的土壤中氮素积累较为明显，已超过作物所需；中国政府高度重视畜禽粪便的资源化问题，2017年国务院发布《关于加快推进畜禽养殖废弃物资源化利用意见》，使畜禽粪便资源化利用问题得到广泛的关注。

1.2.2.2 畜禽粪便的污染危害

畜禽粪便一直被人们当作土壤肥料的重要来源，因而畜禽粪便在多数情况下是就地施用。据1976年统计显示，那时我国农业生产1/3以上的肥料是由动物粪便提供的。动物排泄物中含有丰富的有机物和氮、磷、钾等养分，同时也能供给作物所需的钙、镁、硫等多种矿物质及微量元素，满足作物生长过程中对多种养分的需要。但是过于集中的畜牧养殖导致畜禽粪便在部分地区产量过大，传统施肥处理方式无法消纳，大量堆放对大气、土壤和水环境造成严重的污染。现阶段，随着人口的增长和生活水平的提升，刺激了畜禽养殖场的繁荣发展。

（1）畜禽粪便中过量养分元素的危害

一方面畜禽粪便中的氮和磷经过雨水的冲刷经地表和地下径流进入水体中，不仅会加剧水体的富营养化和浮游植物的肆意繁殖，而且会降低水中的溶解氧含量，使得鱼类大面积死亡。于欣鑫等（2021）的研究发现，土壤中额外的氮和磷会渗入地下水中，导致水中的钾盐和硝酸盐含量升高，人类若长期饮用此类地下水，患癌的风险将会大大提升。另一方面由于化肥工业的迅速发展，人们大量使用化肥，使有机粪肥大量闲置，土壤基础养分在局部地方出现逐渐下降趋势，禽畜粪便不能及时还田，形成了畜禽粪便对环境的污染。畜禽粪便主要通过面源污染对生态环境产生危害。大多数畜禽在养殖过程中所产生的各种污染是造成农业农田面源污染的主要因素之一，尤其是畜禽粪便中的氮、磷的污染。研究发现，畜禽粪便成为面源污染主要通过以下几种途径：畜禽粪便作为肥料施用后，粪便中氮、磷从耕地淋失。石晓晓等（2021）的研究显示，饲料中的营养物质不均衡使得畜禽对氮（N）和磷（P）的转化率较低，分别为 12.79% 和 4.90%，其中体内大部分未能转化的氨基酸便随着粪便排出体外，导致畜禽粪便中的氮、磷含量偏高。Daniel 等（1993）的研究表明美国南部平原区，表层土壤长期施用畜禽粪便，土壤中氮、磷养分元素含量翻了约 5 番之多；郭冬生等（2012）的研究表明，某万头规模猪场的日平均粪便排放量可达 17.5t，其中的氮和磷含量分别占 0.6% 和 0.4%；吴丹（2011）研究表明在农业面源污染中，畜禽污染更为突出，化学需氧量、总氮和总磷分别占中国农业面源污染的 96%、38% 和 56%。由于畜禽生产中不恰当的粪便贮存，导致氮、磷等养分的渗漏；不恰当的贮存和田间运用致使养分中散发到大气中的氨形成污染。乡村很多地区没有进行充分的废水处理设施，污染物直接排入农田。李晓晖等（2020）研究发现，目前大约仅有 50% 的畜禽粪便被资源化利用，而大量的畜禽粪便未经处理随意堆放，不仅污染环境，而且威胁人类健康。此外，不同的畜禽饲养方式也会使畜禽粪便中的氮和磷含量存在一定差异。李书田等（2009）对我国 20 个省市畜禽粪便中的养分含量进行了调查，结果显示畜禽粪便的鸡粪中氮（N）、五氧化二磷（P_2O_5）、氧化钾（K_2O）的含量分别为 4.2 ~ 30.0 g/ kg、2.2 ~ 15.4 g/kg 和 2.5 ~ 29.0 g/kg；猪粪中氮（N）、五氧化二磷（P_2O_5）、氧化钾（K_2O）的含量分别为 2.4 ~ 29.6 g/ kg、0.9 ~ 17.6 g/kg 和 1.7 ~ 20.8g/kg；牛粪中氮（N）、五氧化二磷（P_2O_5）、氧化钾（K_2O）的含量分别为 3.0 ~ 8.4 g/ kg、0.2 ~ 4.1 g/kg 和 1.0 ~ 30.0g/kg；羊粪中氮（N）、五氧化二磷（P_2O_5）、氧化钾（K_2O）的含量分别为 6.0 ~ 23.5 g/ kg、1.5 ~ 5.0 g/kg 和 2.0 ~ 21.3g/kg。鉴于此，不同的畜禽粪便对生态环境造成的污染危害有一定的差异，所以，很有必要对畜禽粪便的排放进行有针对性的处理。

（2）畜禽粪便中重金属元素的危害

畜禽粪便中多余氮和磷会对生态环境产生污染，其中的重金属元素也会对生态环境、动植物及人类造成伤害。研究显示，在规模化养殖的过程中，为了保证畜禽正常的生长发育，同时也为了疾病的预防，一般都会在畜禽的饲料中加入微量元素，主要包括铜（Cu）、锌（Zn）、铅（Pb）和砷（As）等元素，尤其是铜（Cu）、锌（Zn）和砷（As）元素对畜禽的影响作用更大。而关于在我国畜禽养殖过程中饲料添加剂中含有 Cu、Zn 等重金属，而畜禽体内未利用的重金属大部分积累在畜禽粪便中的事实也普遍存在。温洋等（2021）的研究指出，Cu 元素能够促进饲料在畜禽体内的进一步高效率转化，而 Zn 元素可以提高猪的繁育能力，砷（As）制剂可以改善畜牧产品的外观色泽。所以，因为畜禽饲料中的金属元素随大部分饲料作为添加剂、抗生素等物质进入畜禽的体内，从而进入畜禽的新陈代谢当中。何梦媛等（2017）的研究发现，饲料添加剂中普遍含有 Cu、Zn 等重金属元素，而畜禽体内未利用的重金属大部分积累在畜禽粪便中。根据《饲料卫生标准》（GB 13078—2017）和《中华人民共和国农业行业标准》（NY/T 65—2004），饲料中 Cu、Zn、Pb、Cd 的含量应分别低于 6 mg/kg、

110 mg/kg、0.5 mg/kg 和 5 mg/kg。然而，我国大部分饲料中的重金属元素普遍超标。姜萍等（2010）的报道也显示，猪饲料中铜（Cu）、锌（Zn）、铅（Pb）及镉（Cd）的浓度分别为 17.2～268 mg/kg、116～281 mg/kg、0.03～0.91 mg/kg 和 0.02～0.84 mg/kg。彭丽等（2017）的研究发现牛饲料中铜（Cu）、锌（Zn）、铅（Pb）、镉（Cd）和镍（Ni）的浓度分别为 13.81～281.2 mg/kg、53.25～89.78 mg/kg、3.69～13.09 mg/kg、0.63～1.68 mg/kg 和 3.46～11.19 mg/kg，羊饲料中分别为 27.76～96.60 mg/kg，58.98～73.31 mg/kg，3.55～11.25 mg/kg，0.54～1.99 mg/kg 和 3.46～13.71 mg/kg。朱建春等（2013）对我国不同省份养殖场中猪粪的重金属含量进行了总结。山东、浙江、江苏、广西和陕西五省畜禽粪便中的重金属元素铜（Cu）、锌（Zn）、铅（Pb）、镉（Cd）等均基本超标，并且 Cu 和 Zn 的含量要远远高于其他重金属元素的含量。将此类有害物质的畜禽粪便施入农田土壤后可导致大量有害组分被农作物吸收，进而严重威胁食品安全，危害人体健康。还有研究表明，土壤中重金属 Cu 累积量的 1/3 多和 Zn 累积量的近 1/5 源于畜禽粪便，而且畜禽粪便中 Cu 和 Zn 重金属有部分地区存在超标现象，其中鸡粪的超标情况最为严重，肉鸡的鸡粪中 Cu 和 Zn 的污染超标率均超过 50%，肉鸡饲料中 Zn 超标也超过 50%；蛋鸡的鸡粪 Cu 含量超标率超过 10%。如果 Cu、Zn 含量过高，也会对植物产生毒害作用，引起代谢过程紊乱，生长发育受阻，甚至导致植物死亡。因此，如何科学合理地利用畜禽粪便，并且全面推进畜禽粪便处理和资源化利用成为亟待解决的问题，也成为社会的焦点话题。

（3）畜禽粪便中的致病菌的污染危害

畜禽粪便中含有大量的致病微生物、病原体和寄生虫等有害生物。其中大肠埃希菌、沙门菌、李斯特菌、马克里病毒、蛔虫卵等具有致病性。畜禽养殖场排放的污水中平均每毫升含有 33 万个大肠埃希菌和 69 万个大肠球菌，每 1000 mL 沉淀池污水中含有 190 多个蛔虫卵和 100 多个线虫卵，且多数致病微生物及寄生虫卵在未经处理的畜禽粪便中可长期生存。郭首龙等（2013）对畜禽养殖场的粪水进行了调查，发现粪水中大肠埃希菌、大肠球菌的平均含量分别为330MPN/L 和 690MPN/L；沉淀池中的线虫卵和蛔虫卵为 100 ～ 200 个 /L，并且多数致病微生物及蛔虫卵在未经处理的畜禽粪便中可以长期存在。如果含有致病微生物的畜禽粪便未经处理进入土壤后，会对谷类、蔬菜等植物产生污染，致病微生物会通过生态系统的食物链进入生物和人体内，对人类健康产生较大的威胁，甚至可能成为人畜共患病的主要源头，引发严重疾病，如李斯特菌不仅能引起牛、羊流产及死胎，还能感染婴儿、孕妇、老年人及免疫功能不全的人，引发败血病、脑膜炎等。张晓东和冯涛华（2006）发现畜禽粪便中含有大约150 种人畜共患致病菌，主要包括炭疽病、结核病和禽流感病毒等，并且有些致病菌会通过土壤、空气、水体和食物链等危害人类健康。

（4）畜禽粪便中抗生素的危害

自 20 世纪 50 年代美国 FDA 首次批准将抗生素用作饲料添加剂后，世界各国相继将抗生素用于畜禽养殖业。兽用抗生素不仅可以治疗和预防动物疾病，还可以作为生长促进剂添加到饲料中。所以随着畜禽养殖行业的发展，抗生素、激素等药物被大量运用。如果这些药物在缺乏科学指导的情况下滥用，最终会造成畜禽粪便中抗生素的残留。中国科学院广州地球化学研究所发布的一项研究结果显示，2013 年中国抗生素总使用量约为 16.2 万 t，其中 8.4 万 t 用于畜禽养殖业，四环素类、喹诺酮类、大环内酯类、磺胺类等应用较广泛。当抗生素进入动物体内后，仅有少部分参与机体代谢发挥药效，其余30% ～ 90% 以母体或代谢物的形式随粪、尿排出体外。国彬（2009）在畜禽粪便中检测出磺胺类、四环素的平均含量为 53.6 mg/kg 和

255.6 mg/kg。常静等（2020）对我国大部分地区畜禽粪便中的抗生素进行了调查，发现总体残留量普遍偏高，并且随着时间的推移，抗生素含量还有升高的趋势。郝斯贝等（2021）对鸡粪和猪粪样品中的四环素、土霉素、金霉素进行了调查，发现它们的平均含量普遍较高。抗生素会产生抗性基因和超级病菌，从而威胁人类的生命健康。

1.2.3 城市污泥和畜禽粪便的处理处置

1.2.3.1 污泥的处理处置现状

据统计，2020 年，我国干污泥的产生量增长至 1459.5 万 t，与 2014 年的产生量 813.4 万 t 相比，增加了 79.5%，而且目前这种增加还在持续。城市污泥中富集了污水中的污染物，因为在污水处理过程中，污水中的部分有害物质会随着颗粒物的去除转移到污泥中。统计表明，污泥中包含重金属、病原菌以及寄生虫等大量有害物质，主要包括无机物、有机物、细菌菌体和胶体等，成分相对复杂且性质不稳定。若大量污泥没有能够获得及时、有效、科学的处理，而是直接丢弃在农田、河流等公共环境中，则极易产生恶臭、滋生病原微生物、污染水体。不仅占用大量土地，也会污染地下水资源，同时还会释放气体污染物，将会对生态环境安全和人民生命健康造成严重危害。所以污泥的处置和处理迫在眉睫。一般来讲，污泥的处理处置分为污泥处置和污泥处理两个方面。污泥处置是处理后的污泥，弃置于自然环境中，包括地表、地下、水体中或者是进行再利用，经过这种处置方式的污泥可以达到对生态环境的无害化影响，这样的污泥的理化状态相对来讲能够达到长期稳定，是一种相对可持续的消纳方式。污泥处理是指运用科学技术加上专业的装置和流程对污泥进行浓缩、调理、脱水、稳定、干化或焚烧等减量化、稳定化、无害化的加工过程（张勇，2014）。从目前来看，城市污泥主要通过卫生填埋、焚烧、建筑材料和土地利用等方式进行处理处置。

（1）污泥的卫生填埋

污泥卫生填埋具有操作简单便利、对设备要求简单、投资少、成本低、处理量大和适应性强等优势而被广泛应用，然而在实际应用过程中经常面临占地面积大、选址难、运输成本高、渗滤液易对土壤、地下水带来二次污染等问题（LIANG C，DAS K C，and MCCLENDON R W，2003）。其实早在1992年欧盟就有40%左右的污泥是采用卫生填埋的处置方式。（HALL J E，1995；BERNAL M P et al,1998）。污泥的卫生填埋始于20世纪60年代，发展到目前来看，处理技术已经非常成熟稳定，但仍然是一种落后的污泥处理方式（褚赟，2009）。因为目前我国城市人口剧增，土地资源日渐稀少，而污泥卫生填埋对土地面积需求大，又存在选址和场地防护处理不当引起的安全隐患，所以污泥卫生填埋持续发展的可行性受到质疑。

污泥卫生填埋处置方式的优点和缺点主要表现在以下几个方面：

优点主要包括：① 与其他处置方式相比，污泥卫生填埋是最经济的一种处置方法，投资少、成本低、设备操作简单、容量大、见效快；②不需要对污泥高度脱水，适应性强；因为污泥在填埋之前必须经过预处理，有机物和含水量过高的污泥则不能采用卫生填埋处置。而国内大部分城市仅将污泥简单地浓缩脱水后就直接填埋，往往其中的有害物质并不能达到卫生标准（明银安，2009）。③ 对于不能资源化利用的废物，也是目前运用最普遍的处置途径。

缺点主要包括：①占用大量土地，花费大量运输费用。卫生填埋要求大面积的空地和空间作为支撑，污泥填埋场通常设置在天然的低地、谷地或者矿坑（钟承辰，2015）。② 渗出严重污染的液体，污染地下水源。因为污泥可以与生活垃圾一起填埋，但填埋场必须选择基底渗透系数低、地下水位不高的地区，否则污泥产生的大量含重金属离子和各种有害物质的渗滤液，如果填埋场防渗工作不到位，会很可能使土壤和地下水受到污染，产生新的环境问题（刘福东，2008）。③ 渗出的气体主要成分甲烷易引起火灾和爆炸。因为污泥的稳定性差，容易腐烂变质，产生以甲烷为主的气体物质，如果不被科学合理回收，其燃烧会引起填埋场的起火和爆炸（钟承辰，2015）。正因为污泥卫生填埋的处置方式缺点非常明显，我国也逐渐舍弃这种处理方式。从世界各国来看，欧美国家利用污泥填埋的处置方式在污泥处置技术中的比重也越来越小。比如，英国的污泥卫生填埋方式所占比重仅为6%（李季和、吴为中，2003）。研究显示（邹绍文 等，2005），美国环保局可能在今后几十年内会关闭近5000个污泥卫生填埋场。

（2）污泥的焚烧

因此，将城市污泥用于土地利用是一种兼具环境、生态和社会效益的处置方法。

目前来看，污泥焚烧已经有70多年的历史，历史上第一台有记录的污泥焚烧设备是1934年Dearborn在美国密西根安装的污泥焚烧炉（黄明，2009）。在我国，城市污泥的有机物成分含量高而且可燃烧，污泥焚烧的比例约占了10.5%（陈燕，2012）。热值作为污泥焚烧处理中很重要的一项热力学指标是必须被考虑的。因为污泥具有较高热值时才能进行焚烧，通常在焚烧时需要加入煤或油来保证污泥的持续稳定燃烧。在高于850 ℃的焚烧温度下，通过回收燃烧烟气中的余热干燥污泥，可有效防治焚烧过程中二噁英等有害气体的产生，同时把辅助燃料的添加量降到最低，运输和后处置被简化，焚烧后的热量得到充分利用，有较大的优点和可靠性（钟承辰，2015）。蔡璐等（2010）通过对全国各大城市的37座污水处理厂进行调查后得出各类污泥的干基热值在5844 ～ 19303kJ/kg，而污泥含水率越低，有机质含量越高，热值也越高，所以脱水污泥比湿污泥的燃烧效果好。到目前为止，污泥焚烧被认为是实现污泥减量化最有效的、限度最大的处置方式（周旭红 等，2008）。

污泥焚烧处置方式的优点主要包括：a.使有机物全部碳化，杀死病原体；高温焚烧时，污泥中的有机物会被彻底分解，迅速高效地减少污泥体积，减量率可达95%，能使不能被资源化利用的污泥被充分处理（林晓红，2008）；b.可使剩余污泥有效减量；c.焚烧后剩余污泥中的水分、有机物等都被分解，是最彻底的污泥处理方法。在日本，因为其国土面积很小，污泥焚烧的处理方式格外受欢迎，焚烧的处理量可达污泥总处理量的61%，可以说，在日本污泥焚烧技术得到了较为广泛的应用。欧盟的污泥焚烧处理量可达10%（URCIUOLO M et al，2012）。近年来，以日本为首，美国、欧盟这些发达国家发展了污泥专用循环流化床焚烧炉技术（余杰、田宁宁、王凯军，2005）。但是污泥焚烧处理也有不可忽视的缺点，主要包括：a.投资大，管理复杂；b.污泥热值较低，同时污泥内的水分较难去除，影响燃烧稳定性；c.易产生二氧化硫、二噁英等气体污染空气；d.焚烧成本十分昂贵。总体来讲，污泥焚烧需要购置专用的设备，投资较大，设备运行维护费用高。而建材利用需要对污泥进行高温烧制，在烧制过程中会产生大量有毒有害气体，且存在能耗高、产品质量差等问题。所以污泥焚烧处理技术至今在我国推广受到一定限制，并未得到广泛应用，仅在深圳有处理效果较成功污泥焚烧经验的污水处理厂（钟承辰，2015）。

（3）污泥用作建筑材料

污泥作为建筑材料可用于制砖、制纤维板材、制熔融材料、制陶粒等。

①污泥制砖的方法有两种，一种是用干化污泥直接制砖，另一种是用污泥灰渣制砖。

②污泥制生化纤维板，主要是利用活性污泥中所含粗蛋白（有机物）与球蛋白（酶）能溶解于水及稀酸、稀碱、中性盐的水溶液这一性质，在碱性条件下加热、干燥、加压后，发生蛋白质的变性作用，从而制成活性污泥树脂（又称蛋白胶），使之与漂白、脱脂处理的废纤维压制成板材，其品质优于国家三级硬质纤维板的标准。

③污泥熔融制得的熔融材料可以做路基、路面、混凝土骨料及地下管道的衬垫材料。利用有害的城市垃圾焚灰和污泥制成有用的建筑材料——生态水泥，不仅有效地利用了再生资源，而且对环境保护来说无疑是一大贡献。

④污泥制陶粒是具有发展前景的新型建材，我国经过多年引进、消化和自主研发，已具备了成熟的陶粒生产技术和设备制造能力。污泥制成的陶粒具有轻质、高强、隔热、保温、耐久等特性，节能效果显著，用途广泛。但是污泥建材利用的前提是污泥必须实现污泥深度脱水，鼎盛超高压污泥压干机使用高压压榨技术，处理后泥饼含水率低至40%，有利于二次利用，环境达标（https://www.sohu.com/a/150993655_426993）。

（4）土地利用

研究发现城市污泥中含有大量有机物质和氮、磷、钾等多种营养元素以及铜、锌、钙、镁、铁等植物生长所必需的微量元素（杨文娟，2012），可以改善土壤理化性质，修复和改良土壤结构，显著提升土壤肥力。污泥的土地利用就是指充分利用污泥中的营养物质，将污水厂的污泥经过热干化、污泥堆肥等方式施于绿地、农田等，改善土壤结构、提高土壤肥力、促使土壤熟化，有利于农作物的生长，是一种积极性和生产性强，并且符合我国国情的污泥处置方法（钟承辰，2015）。

① 干化和热处理。污泥热干化主要分为自然干化和人工加热干化

两种工艺（张辉，2013），能使污泥显著减容，达到"减量化、无害化"的目的，污泥被烘干后含水率仅为10%以下，抑制了微生物的活性，也不会产生腐臭，便于储存和运输，适合作为农业肥料和土壤改良剂使用。但是热干化处理能耗大，管理较复杂，热干化过程中要消耗大量燃料，且容易产生有害污染物质（钟承辰，2015）。污泥石灰干化主要应用于规模较小、临时性的无害化处理项目中，在污泥中添加生石灰，与水反应生成氢氧化钙 Ca(OH)$_2$，污泥中 pH 升至12以上，成为强碱性环境，能够与污泥中的酸性物质、重金属和盐类物质发生反应，除去污泥的腐臭味道，并消灭其中的病原体、钝化重金属，使其生物有效性降低，减轻其对环境造成的危害（钟承辰，2015）。反应时产生的热量也能够用于促进污泥中水分的蒸发，使得污泥含固率增加（冯凯、黄鸥，2011）。虽然该技术具有脱水效果好、安全性高、投资少、干化后污泥可资源化利用等优点，但目前其作用机理以及干化后污泥的出路仍有待进一步探讨。

　　② 污泥堆肥。从20世纪60年代起，研究发现污泥中含有大量氮、磷等植物生长所必需的营养物质，紧接着污泥堆肥化这一生物处理技术开始在国际上兴起。污泥堆肥是污泥土地利用最普遍最可持续的污泥处理的方式。将污泥按照一定比例与植物残体、粉煤灰、生活垃圾等混合在一起，置于潮湿的环境中，这样的情况下，多种有机物在微生物的作用下进行一系列生物化学过程，直至分解转化为腐殖质的过程。目前高温好氧堆肥以分解物质彻底、堆置周期短、臭味小、宜于机械化作业，且易于被植物和作物吸收，是非常好的生物有机肥料，可与营养素混合制成复混肥或各种土壤改良剂等优势被广泛采用（钟承辰，2015）。

1.2.3.2 畜禽粪便的处置利用

　　随着科学技术水平的不断发展，畜禽粪便的处置利用越来越可持续化，但是科技是把双刃剑，与此同时，使得畜禽粪便的巨大潜在资源优势和它不可避免的生态环境污染问题也凸显出来，越来越受到各国政府、学者们及人民的关注。目前，畜禽粪便的资源化处置利用方式主要包括三个方面，分别是用作肥料、转化为能源和用作饲料等。

（1）畜禽粪便用作肥料

畜禽粪便用作肥料主要是通过堆肥技术将畜禽粪便中的病原微生物及杂草种子杀死，同时促进粪便腐熟，形成有利于植物利用的化合物。所以畜禽粪便在促进农业生产可持续发展中扮演着举足轻重的角色，也是农业发展的宝贵资源。研究发现，畜禽粪便中含有大量氮和磷，经堆肥处理过的畜禽粪便中重金属活性显著降低，且养分更有利于植物吸收。畜禽粪便中还具有有机质含量高、矿物质元素丰富等特点，无论将其直接还田还是经过堆肥处理后还田，对作物的影响促进作用都远远优于施用化肥的效果，能较好填补我国农业对氮肥和磷肥的需求量。在我国的传统农业中，农民一般会将在农田中直接施用畜禽粪便，称之为直接还田。这种方法有利有弊，有利的一面体现在此方法简单易行而且经济实惠；但弊端也随之出现，因为畜禽粪便中含有对农作物和土壤不利的微生物和土壤动物，而且畜禽粪便中含有大量重金属也会对土壤、作物、人类及生态系统产生不良影响。研究表明，当向农田中直接施入畜禽粪便时，农作物会受到较大的毒害作用，主要是畜禽粪便中的蛆、卵及重金属。研究表明，经过高温腐熟堆肥可有效杀死畜禽粪便中具有毒害作用的微生物、蛆和卵等，并且改变其中重金属的形态，使其钝化，降低对农田和农作物的毒害作用。这样使得畜禽粪便不仅成为优质的有机肥，形成了资源化循环可持续再利用的模式，而且还将废弃物进行了很好的处理。此外，我国现代农业生产中主要通过施用化肥来提高作物的产量，长期过量和不合理施用化肥会引起土壤团粒结构破坏、土壤板结、肥力下降等问题，同时能导致地下水污染、粮食蔬菜产量与品质严重下降等现象。黄鸿翔等（2006）研究表明，1980—1990 年间，我国的有机肥占肥料总用量的 47%，而在 2003 年农业有机肥的养分投入量占比降到 25%。相关研究表明，1980—2010 年间畜禽粪便的养分还田率均低于 45%，畜牧业废弃物是农业生产的重要资源，具有营养元素全面，含有丰富的有益微生物，肥效持久，可改善土壤结构等优点。因此，促进畜禽粪便的肥料化利用能大大降低农业生产的成本，还可以解决畜禽粪便对生态环境的污染问题，在提高土壤肥力和有机质含量的同时，还能减少化学肥料对农田土壤环境的危害，改善土壤生态环境。还有研究表明，将利用蚯蚓处理过的畜禽粪便有机肥施用于农田中，农田土壤中养分含量磷元素和钾元素会随之增加，同时提高了土壤微生物的活性，使得碳氮比下降，土壤肥力得以提升，土壤生态系统更加复杂，同时实现了土壤肥力资源的可持续利用（SANGWAN P et al，2010，TRIPATHI G and BHARDWAJ P，2004）。

（2）畜禽粪便转化为能源

畜禽粪便的能源化利用是目前畜禽粪便资源化利用的主要方式之一。畜禽粪便能源化利用是指基于厌氧发酵技术处理粪便的同时将有机废弃物转化为甲烷、氢气等清洁能源的过程。但这种方法的一次性投资较大，对操作技术的要求也比较高，主要适用于大规模养殖或散养密集区畜禽粪便的集中处置。

（3）畜禽粪便用作饲料

畜禽粪便中不仅含有大量有害的物质和生物体，其中还含有丰富的维生素、营养元素以及矿物质，一般情况下可通过高温等处理手段将其中有毒有害病菌消灭杀死，使其成为可供使用的饲料或者饲料添加剂。需要注意的是，将畜禽粪便用作饲料时，饲料用量一定要控制好，从而保证畜禽食用之后是健康的。通常，由于鸡的肠道较短，鸡所摄入的营养物质大部分未经消化就直接排出体外，所以鸡粪中含有很高的营养物质，我们可以将鸡粪直接用作饲料，或混合草对猪牛进行喂养。另外，禽粪便还可通过干燥、发酵、分解等方法进行处理，进而成为动物饲料（武春燕，2017）。

1.3 城市污泥和畜禽粪便土地利用问题

城市污泥和畜禽粪便中都富含有机质和各种营养元素，施于土地中能提高土壤养分含量，改善土壤结构，进而促进作物生长。但其中含有的各种污染物尤其是各种重金属也成为限制其土地利用的主要因素。

1.3.1 城市污泥和畜禽粪便土地利用的优点

1.3.1.1 城市污泥和畜禽粪便土地利用能改善土壤性质

（1）提高土壤养分及有机质含量。城市污泥与畜禽粪便中含有丰富的氮、磷、钾等养分元素及有机质，还含有植物所必需的微量元素，可以增加土壤养分及有机质含量，进而提高土壤肥力。有研究表明，施用城市污泥堆肥能显著增加土壤中的全量养分、速效养分和有机质。董文等（2021）通过10年田间试验的研究表明，与单施化肥相比，施用不同量污泥能显著地提高黄泥土有机质、全量氮磷钾以及速效氮磷钾含量。此外，也有研究表明，将畜禽粪便堆沤腐熟成有机肥施用能够补充土壤多种养分元素和有机质，增强土壤团粒结构、提高土壤微生物活性，进而提高土壤肥力。

（2）改善土壤的物理结构。有研究表明，施用城市污泥能增强土壤的结构性、增加土壤孔隙度，同时降低土壤容重和比重，使其毛管孔隙和非毛管孔隙比例适当，改善土壤保水保肥性、吸附代换性、缓冲性。

畜禽粪肥中含有大量腐殖质，是重要的胶结物质，可以提高土壤团聚体含量。而通过土壤腐殖质胶结形成的团聚体，使土壤结构具有良好的稳定性和孔隙度。尤其是通过这种方式形成的团粒结构中，毛管孔隙和非毛管孔隙的比例适宜，能有效解决土壤透水性与蓄水性之间的矛盾，也能较好地调节土壤导热性、热容量状况，进而使土壤温度变化较为稳定，从而解决土壤水分与土壤空气同时存在的问题，降低土壤容重，提高土壤的耕性，进而提升土壤肥力。

（3）调节土壤pH。众多土壤质量问题中，土壤酸化是导致土壤生产力低下的重要因素之一。研究表明，土壤农用化学氮肥是导致其酸化的重要原因。而有机肥中含有碱性官能团，能够对土壤酸化起到缓冲作用。施用高量有机肥，以及有机肥与配施化肥，均可以显著提高土壤pH。同时，有机肥中的有机官能团能够与土壤中的各种元素离子进行吸附、螯合、络合以及离子交换等物理化学作用，尤其是对氮肥起到缓释作用。前人在对城市污泥的研究中也发现，污泥施用可以降低偏碱性土壤的pH，提高偏酸性土壤的pH，对土壤pH起到平衡缓冲作用。

1.3.1.2 城市污泥和畜禽粪便土地利用能促进作物生长

（1）促进作物生长及提高作物产量。有研究表明，因污泥中含有大量有机质及养分，施入不同类型土壤中均能够提高不同作物的生长和产量。朱琳莹等（2012）在盆栽试验的研究中表明，玉米和大豆在污泥堆肥施用比例分别为10%和5%时长势最佳，且籽粒中重金属含量在国家食品卫生标准范围内。同时，研究发现污泥施用能显著增加玉米的生物量。陈香碧等（2020）研究也发现，施用有机肥能改善稻田土壤中氮素循环的氨化过程、硝化过程和反硝化过程等多个环节，改善土壤氮素供给状态，促进水稻氮素吸收，从而实现水稻稳产增产。

（2）降低作物中重金属的累积。在施用城市污泥和畜禽粪便有机肥后，作物不同器官的重金属累积量均会出现不同程度的减少。有研究发现，施用鸡粪肥可以显著降低苋菜中 As、Cu、Zn、Cd 和 Pb 的含量。同时还有研究发现，施入鸡粪能够显著降低盆栽大白菜地上部 Cd、Pb 的含量。前人在盆栽试验中研究发现，施用一定量污泥能降低玉米苗期地上部 Cd 的含量。其可能是污泥施加到土壤中，土壤中增加的 Zn 和 Cd 会产生竞争吸附作用，从而降低作物对 Cd 的吸收，使得作物中的 Cd 含量降低，也可能是施加污泥后，土壤中的有机质含量增加，使作物对 Cd 的吸收有所降低。前人在盆栽试验中也发现，红壤上小白菜对 Cu、Zn、Pb、Cr 的吸收量一部分随污泥添加量出现先升高后降低的状况。也有在大田试验中的研究表明，连续 4 年施用污泥堆肥能显著降低小麦作物收获携出重金属的比例。

1.3.2　城市污泥和畜禽粪便土地利用的限制因素

1.3.2.1　重金属含量

城市污泥和畜禽粪便中均含有大量的重金属，重金属的累积性、不易去除性以及对生物体的毒害性成为限制城市污泥和畜禽粪便土地利用的主要因素。

（1）重金属抑制作物生长。城市污泥对作物的生长发育具有抑制作用。比如，当污泥堆肥施用量高于 20% 时，会显著降低青菜发芽率和生物量；污泥施入量超过 25% 会严重阻碍胡麻种子的发芽及生长；不同程度的污泥处理均会降低玉米出苗率并抑制其根系的发育；青椒的根、茎、叶、果实的干重均随污泥堆肥施用量增加呈先增后减的趋势；较高的污泥施用量和重金属含量会对植物的生长产生抑制甚至毒害作用。

（2）重金属在作物中累积。城市污泥和畜禽粪便施用均会对作物中重金属的累积产生一系列影响，但其影响结果与各地的土壤类型有关。有研究表明，城市污泥施用能够显著增加作物及籽粒中重金属的含量。黄林等（2017）连续三年向沙质潮土中施加 0 ~ 45 t/hm² 污泥，结果发现污泥的施用会造成玉米中 Cr 和 Pb 含量的积累，但均未超出国家食品安全标准。也有研究显示城市污泥能够使作物中重金属含量超标，甚至在作物的不同器官中有不同程度的富集，如盆栽试验发现在 5% 添加污泥堆肥处理时，青菜地上部分 Cu 和 Zn 浓度均超过国家规定的允许浓度标准。

有学者研究发现，施用城市污泥后，重金属在作物籽粒中的富集量要显著高于其他部分，重金属在作物籽粒处的积累可能会通过食物链进入人体，最终严重危害人类健康。张晓琳等（2010）将污泥施于黑土土壤中，结果表明 Cu、Zn 主要在玉米根部积累；大田试验表明，施入污泥后，大豆各器官对 Cu、Zn 的富集能力为籽粒 > 根 > 茎叶，大豆植株中重金属的富集系数为 Cd > Cu > Zn > Pb；玉米籽粒对重金属的富集能力为 Zn > Cu > Cd > Pb；小区试验结果表明，Cu、Zn 在大豆各器官的含量和富集系数大小顺序均为籽粒 > 根 > 豆荚 > 茎。综上，城市污泥施用基本上能够促进作物的生长发育，但是由于不同土壤类型中土壤有机质及其酸碱度存在差异，因而不同处理下重金属的累积情况也有所不同。因此，在施用城市污泥后，对不同土壤类型处理下的土壤和作物中的重金属的累积迁移情况进行研究是十分有必要的，这能为城市污泥安全合理的资源化利用提供理论基础。

在施加鸡粪有机肥后，重金属在作物中的累积现象也因不同的土壤类型存在差异。研究发现，在水稻土和赤红壤中分别施用质量比为

4%的高量鸡粪和猪粪处理后，土壤总 Cu、总 Zn 及有效 Cu、有效 Zn均出现累积；且施用鸡粪显著提高了盆栽通菜 As 含量和 As 吸收量，呈高量处理＞低量处理、水稻土＞赤红壤的规律。除水稻土中 Cu 含量显著增加外，施用鸡粪还能显著提高通菜 Cu、Zn 含量及吸收量；连续四茬菜心施用鸡粪的田间实验表明，施用鸡粪可提高 As、Zn 含量，配施鸡粪可提高 Cu 含量；施入红壤和潮土中一定量的鸡粪有机肥后，两类土壤中重金属 Zn、Cd、Cr 和 Pb 的有效态含量均有所增加。同时与对照相比，潮土中施用鸡粪有机肥能增加苋菜植株 Cu 和Zn 的含量。

综上可知，鸡粪有机肥对土壤和作物中重金属的生物有效性和累积情况的影响与有机肥的性质、土壤的酸碱性及作物类型关系较大。因此，对不同土壤类型下鸡粪等有机肥的施用对土壤性质的影响以及对作物重金属积累情况进行探究是很有必要的，这能为更加合理地利用有机肥提供科学依据和理论基础，进而实现资源的循环利用和可持续发展。

1.3.2.2 其他因素

城市污泥和畜禽粪便经过堆沤腐熟后除了含有有益的微生物外，也会因发酵不完全产生一些有害的微生物，如寄生虫和病原菌等，其中也含有一些难降解和不被土壤利用的有机物质。有害微生物的残留和稳定有机物质的聚集也成为限制城市污泥和畜禽粪便土地利用的因素。

不完全腐熟鸡粪肥的含虫量比较高。这些寄生虫卵很容易在土壤和作物上寄生，而且生长特别迅速，会严重地影响作物生长，从而严重影响农民的收入；腐熟的鸡粪也会残留较多难降解的有机物质，不仅能吸附有害微生物，也能在土壤中聚集，从而影响土壤的正常呼吸和健康。而且，城市污泥也携带较多的病菌和寄生虫卵等有害微生物，这会给土壤微生物带来不利环境，从而影响土壤健康；其中的一部分难降解有机物使得污泥吸附病原体，从而再次成为有害微生物的污染源。因此，城市污泥和鸡粪需要完全腐熟处理和消毒处理才能使用，要明确和理清其机理，进行针对性处理，这样才能为畜禽粪便的安全无害化利用和科学安全合理资源化土地利用提供科学依据。

1.3.3　我国对城市污泥农用和有机肥生产的相关标准及其变化

随着人们对生态环境质量的重视，对生活性废弃物城市生活污泥和生产性废弃物畜禽粪便的土地资源化利用或处置的限制也越来越严格。

我国目前执行的《农用污泥污染物控制标准》（GB 4284—2018）相较 1984 年版旧标准在多个方面对城市生活污泥农用进行了更为严格的限制。重点体现在如下三个方面。

1.3.3.1　*在施用量方面更为严格*

1984 年版旧标准要求污水厂污泥使用量每年不超过 2000 kg/ 亩（即 30 t/ha），连续使用最多可持续 20 年，而 2018 年新标准严格到每年累计不应超过 500 kg/ 亩（即 7.5 t/ha），且连续使用不应超过 5 年。新标准规定的每年施用量是 1984 年版旧标准的 1/4，连续施用年限也是 1984 年版旧标准的 1/4。其主要是考虑到虽然污泥含有丰富有机物质和植物必需的养分元素，对提高土壤肥力、促进植物生长发育具有显著的促进作用，但其中含有很多有害物质，尤其是各种重金属具有累积性强、不易降解等特点，对生态环境具有极大的潜在威胁。所以，城市生活污泥在经过高温堆肥处理后，其施用量必须控制在土壤能够吸纳净化的范围内，且其连续施用时间不超过 5 年，以防止施用时间太长可能会造成的重金属在土壤中累积超标的危害。

1.3.3.2 限制指标设定方面更为全面

与 1984 年版旧标准相比，新标准增加了卫生学指标和理化指标等项目。在污染物最高限值方面，A 级污泥产物农用污染物控制标准整体趋于严格，总 Cd、总 Hg、总 Cr 等重金属要求均加严，但总 Cu、总 Zn 含量要求显著放宽。同时，新标准增加了对多环芳烃的要求，这是因为城市污泥中 Cd、Hg、Cr 等重金属的毒理系数大，一旦进入土壤和作物中，少量和短时间内就会对土壤环境和作物产生较大的毒害作用。而 Cu、Zn 是植物生长发育和人体所必需的微量营养元素，再加上我国特别是北方、西北广大地区的土壤中普遍较乏这两种元素，在农业生产中通常还需要通过施肥的方式为植物补充 Cu 和 Zn，所以对二者的要求显著放宽，以利用城市生活污泥中 Cu 和 Zn 的营养功能。但是研究表明，Cu、Zn 在土壤和作物体内的大量积累会对土壤和作物产生毒害作用。所以，污泥施用也要考虑 Cu、Zn 的过度累积，研究城市污泥中 Cu、Zn 的累积及其对土壤产生的生态风险很有必要。而随着经济的发展，矿物燃料越来越普遍，多芳环烃人为来源主要是各种矿物燃料（如煤、石油、天然气等）不完全燃烧后释放，所以国家对于城市污泥农用标准的不断调整是基于生态效益、社会效益及经济效益的统一协调发展的多方面考虑。

1.3.3.3 新标准中对城市生活污泥农用进行了重新分级划定

1984 年版旧标准对农用污泥污染物的限制标准是依土壤酸碱性而定的，酸性土壤（pH<6.5）污泥农用污染物限制标准比中性或碱性土壤更严格，而新标准将农用污泥改为 A、B 两级，A 级污泥产物的污染物限值远低于 B 级污泥产物，而且 A 级污泥产物可用于耕地、园地、牧草地等可作为种植食物的耕地，而 B 级污泥产物可用于园地、牧草地等不种植食物的耕地。

污泥中的有害物质，包括重金属、微生物及有机废物会受到土壤

pH 的影响，不同酸碱性土壤中重金属的累积迁移差异较大，新标准分成 A、B 两级，应该是考虑到施用污泥中重金属及其他有害物质的浓度不能超过直接种植食物的耕地的自净能力。无论 pH 是什么范围，只要污泥中的相关指标超标，施入土壤便会将有害物质如重金属等直接带入食物链中。但是如果是人类非直接食用的，污泥中相应指标的要求就可以低一些，因为不直接影响人类健康。

有专家指出，根据《农用污泥污染物控制标准》（GB 4284—2018），经过无害化处理并达标的污泥产物可进入耕地，或作为非商品化的有机肥使用，但如果要作为商品肥料进入农资销售网络，则须取得新型肥料登记证。

但总体来看，污泥农用的国家标准及行业标准的相关变化均是考虑到当前城市污泥中有害物质的相关特性，如重金属的类型及浓度等方面。很多研究也显示，有机质和 pH 会对土壤中重金属的累积迁移产生较大影响，甚至有机质会在一定条件下钝化土壤中的重金属，使土壤中重金属的有效性降低，从而降低其生态环境风险，达到可利用的目的。

《有机肥料》（NY/T 525—2021）明确规定，禁止使用存在安全隐患的污泥、粉煤灰、钢渣泥等禁用材料制造有机肥。需要注意的是，并非污泥不能农用、不能用于耕地，此标准的农用和污泥作为有机肥是两个不同的概念。污泥农用是指经过稳定无害化处理后，符合农用标准的市政污泥进行农用，而污泥有机肥是经过处理后的污泥制成有机肥进行销售。

污泥农用是指将经过处理后的污泥或污泥产品作为肥料或土壤改良材料，用于农业生产作物，主要包括果蔬、谷物、植物油作物和国家规定的其他农业作物。污泥用于农业时，应注意水源保护，禁止在饮用水水源保护一级区和二级区以任何形式施用污泥；污泥不适用于地下水位高、渗透性好的场地，施用的场地应该是渗透性低或适中，土壤为中性或碱性且土壤厚度不小于 0.6 m，且施用场地排水要顺畅。

城市生活污泥土地利用是污泥最终处置的最佳选择，这不仅由城市污泥的有机质含量决定，也由其巨大的数量和增值潜力决定，而且城市污泥农用必须遵循一个前提：只有经过生物堆肥、热干化和化学稳定处理的城市污泥才能施用。目前，施用过多化肥的土地越来越贫瘠，土地的良性循环被破坏，只有大量输入有机物，土壤才能得到改善，因此城市污泥是一个廉价和理想的来源。虽然污泥中重金属的含量对农业有重要影响，但是随着工业污染控制的加强，未经处理的工业污水越来越少，因此可以控制污泥的重金属含量，使其达到农业安全水平。

1.4　土壤重金属生物有效性及其影响因素

1.4.1　土壤重金属生物有效性的定义

重金属是一组对生态环境和人类健康带来诸多潜在风险的元素群，目前关于重金属对环境和人类健康的影响的研究受到广泛关注，其中重金属的生物有效性已成为现阶段的研究热点。重金属的生物有效性（bioavailability）是指重金属对生物产生毒性效应或被生物吸收，包括生物毒性和生物可利用性，通常被定义为有毒物质重金属到达发挥毒性作用位点的速度和程度，由毒性数据或生物体浓度数据进行评价。

土壤重金属对生态环境的潜在危害大小以及植物对其吸收的多少

取决于其生物有效性的高低，即土壤重金属的有效态含量多少。在具有相近重金属含量的不同类型土壤上，植物对重金属的吸收量可能极不相同，对土壤生物包括植物的危害性也可能明显不同，这主要是不同类型土壤具有不同的性质决定或影响了土壤重金属的生物有效性。可见，土壤重金属的生态环境潜在危害性大小与土壤重金属有效态含量多少具有直接的关系。

1.4.2 影响土壤重金属生物有效性的因素

1.4.2.1 土壤 pH

许多研究表明，土壤 pH 是影响其重金属生物有效性和植物对重金属吸收累积的最主要因素。一般而言，土壤 pH 升高，土壤体系中胶体颗粒表面带负电荷增加，增强对带正电荷的重金属离子的吸附固定，同时促进高价金属离子形成氢氧化物和碳酸盐沉淀，从而降低土壤溶液中重金属离子的含量，进而降低其生物有效性。相关研究表明，pH 决定 Cr 的吸附行为和赋存形态，pH 升高使 H^+ 的竞争作用减弱，土壤胶体负电荷增加，从而增加 Cr 在土壤中的滞留；相反，土壤 pH 降低，随着土壤酸度增加，土壤中难溶性的重金属化合物溶解度增大，释放重金属离子进入土壤溶液，增加了其生物有效性。有研究表明，土壤 pH 对 Cd 的生物可利用性具有显著影响，Cd 的活动态组分会随着 pH 的降低而显著升高。

1.4.2.2 土壤有机质含量

有机质是土壤的重要组分，土壤有机质组成复杂多样，其中主要为不同种类的腐殖酸物质，属于土壤有机胶体，其表面具有不同的可结合重金属的位点，使其更容易形成较稳定的络合物，从而降低重金属的生物有效性及其在作物各器官中的累积。同时，有机质中的可溶性有机碳还能通过对土壤矿物表面的竞争吸附及复合作用或与重金属的螯合作用而促进重金属的解吸，从而使得土壤中重金属累积量增加。

土壤有机质分解可以产生有机酸，有机酸能通过酸化作用改变重金属的形态，使重金属从难溶态转变为可溶态或易溶态；有机酸还能通过络合作用与重金属结合形成络合物，减少植物对重金属的吸附。此外，有机质的主体腐殖质中含有诸如羧基、羟基、酚羟基、羰基等类的官能团，这些官能团能够与重金属进行络合或螯合作用，且腐殖质能够促进植物的生长发育，增加其生物量，使得重金属在植物地上部各器官的浓度被稀释。

1.4.3 其他因素

土壤中微生物能通过螯合、吸附、氧化还原等多种途径降低重金属的毒性。研究发现，部分存在于香蒲根系的菌株可钝化土壤中的 Cu 和 Cd，改变重金属的形态，从而降低植物对 Cu 和 Cd 的吸收。此外，土壤中不同离子之间的相互作用也会影响重金属的生物有效性。研究显示，土壤中 Ca、Si、Fe 均会与 Cd^{2+} 发生拮抗作用，可能会在一定程度上抑制植物对 Cd 的吸收。生物炭等新兴材料也能改变重金属形态。田间试验结果表明，由于生物炭化学结构中富含大量官能团，且生物炭的结构孔隙度和表面积较大，能够吸附固定土壤中的活性重金属离子，因此不同类型的生物炭对中轻度 Cd 污染稻田有很好的修复效果，土壤有效态 Cd 含量与水稻籽粒 Cd 含量随生物炭施用量的增加而显著下降。

综上，土壤重金属对生态环境、植物代谢以及人体健康等具有严重危害，而土壤 pH 以及有机质含量均会对重金属生物有效性产生显著影响。施用城市污泥或畜禽粪便后均会对基底土壤 pH 产生显著影响，同时城市污泥和畜禽粪便中均含有大量有机质，但有机质的增加以及土壤 pH 的改变是否会通过影响重金属的生物有效性，进而影响重金属在土壤以及作物中的累积的研究目前尚不明确。

1.5　研究目的和内容

本书通过盆栽试验研究了去除重金属前后的城市生活污泥施入石灰性褐土中对石灰性土壤中 Cu 和 Zn 有效性及供试植物小白菜吸收富集和生长的影响，并进行了对比分析，以期达到城市生活污泥可持续资源化利用的目的；通过盆栽试验研究了等量城市生活污泥配施不同量鸡粪对不同 pH 的三种土壤 Cu 和 Zn 有效性以及供试植物小白菜吸收和生长的影响，以期揭示城市生活污泥和农业废物鸡粪中重金属 Cu 和 Zn 在三种供试土壤中活性差异的原因，以及土壤 pH 和有机质对其影响的机制，并通过环境影响评价分析城市生活污泥和鸡粪重金属 Cu 和 Zn 对三种供试土壤的影响差异；针对山西及广大西北地区广泛存在的石灰性土壤普遍缺乏 Cu 和 Zn 的现象，在盆栽条件下研究等量城市污泥配施不同量鸡粪对三茬供试植物玉米（Zn 敏感植物）苗期石灰性褐土 Cu 和 Zn 有效性以及对三茬玉米苗期吸收和生长的影响，以期了解城市生活污泥和鸡粪重金属 Cu 和 Zn 对石灰性褐土 Cu 和 Zn 持续供应能力的影响和差异，分析其差异机理，并通过环境影响评价为城市生活污泥和鸡粪在北方石灰性土壤上安全高效土地利用提供依据；在田间条件下，研究不同用量城市生活污泥对石灰性褐土 Cu 和 Zn 有效性以及供试植物玉米（Zn 敏感植物）生长和籽粒 Cu 和 Zn 含量的影响，进而通过环境影响评价为城市生活污泥作为肥源在石灰性褐土上安全高效土地利用提供依据。

1.6 拟解决的关键问题及创新点

1.6.1 拟解决的关键问题

（1）明确不同酸碱性土壤中施用城市污泥和鸡粪对作物生长的影响差异，解决在施用城市污泥和鸡粪中的"一刀切"问题，以利于安全高效因土施用城市污泥和鸡粪。

（2）明确施入土壤中的城市污泥和鸡粪中重金属 Cu、Zn 的累积情况及生物有效性问题，以期为降低它们资源化土地利用的风险提供科学合理的施用依据。

1.6.2 创新点

本研究的创新点主要体现在以下方面：①以城市污泥和鸡粪这两种废弃物作为研究材料，将二者在不同土壤上配施（等量城市污泥＋不同量鸡粪），明确了不同配施方式对不同土壤中 Cu、Zn 生物有效性的影响。②在鸡粪和城市污泥不同配比的基础上结合不同酸碱性土壤，明确了在我国常见土壤类型中二者最合适的配施比例，能为两种废弃物安全合理资源化利用提供理论依据和科学指导。

1.7 技术路线

本书的技术路线如图1-1所示。

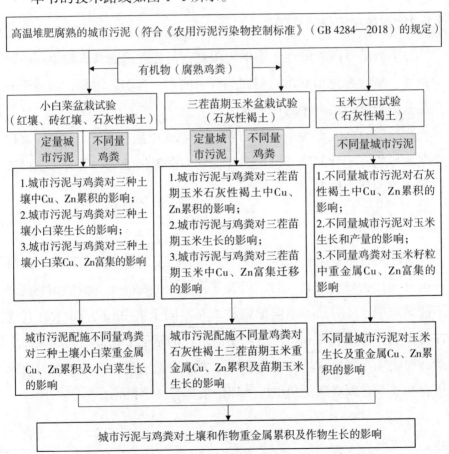

图1-1 本书的技术路线图

第 2 章　施用重金属去除前后的城市污泥对土壤 – 小白菜的影响

2.1　材料与方法

2.1.1　供试材料

2.1.1.1　供试作物及盆钵

本次试验的供试作物为四季小白菜（*Brassica oleracea* Linnaeus var. *capitata* Linnaeus），塑料盆规格为 10 cm × 14 cm（直径 × 高度）。

2.1.1.2　供试土壤

本盆栽试验所用土壤为山西农业大学试验站石灰性褐土，与盆栽玉米所用土壤一致。

2.1.1.3　供试污泥

本试验供试污泥有两种：第一种采集于山西省运城市某污泥处理厂污泥，作为未去除重金属的城市污泥施入盆栽小白菜土壤中，命名为污泥1；第二种是将运城市永济市污泥经多种方法淋洗去除重金属后将过滤残渣全部收集起来，作为去除重金属的城市污泥施入盆栽小白菜土壤中，命名为污泥2。去除重金属前后的两种污泥重金属含量如表2-1所示。

表2-1　供试污泥部分重金属含量

运城市污泥	铜（Cu）/（mg·kg⁻¹）	锌（Zn）/（mg·kg⁻¹）	铅（Pb）/（mg·kg⁻¹）	铬（Cr）/（mg·kg⁻¹）	镍（Ni）/（mg·kg⁻¹）	砷（As）/（mg·kg⁻¹）
污泥1	448.70	386.80	56.12	66.23	38.63	15.01
污泥2	25.63	78.73	10.22	76.54	32.37	15.8

试验中的四种煤基腐殖酸由内蒙古永业国际提供，两种嗜酸性硫杆菌菌株由南京工业大学生物与制药工程学院提供。供试菌种生长的培养基如下：基础盐培养基（MS）组成为 $(NH_4)_2SO_4$、KH_2PO_4、$MgSO_4 \cdot 7H_2O$、$CaCl_2 \cdot 2H_2O$ 和去离子水；改进型9K液态培养基组成为 $FeSO_4 \cdot 7H_2O$、$(NH_4)_2SO_4$、KCl、K_2HPO_4、$Ca(NO_3)_2 \cdot 4H_2O$、$MgSO_4 \cdot 7H_2O$ 和去离子水。它们的理化性质如表2-2所示。

表2-2　煤基腐殖酸中部分重金属含量

腐殖酸	铜（Cu）/ （mg·kg⁻¹）	锌（Zn）/ （mg·kg⁻¹）	铅（Pb）/ （mg·kg⁻¹）	铬（Cr）/ （mg·kg⁻¹）	镍（Ni）/ （mg·kg⁻¹）	砷（As）/ （mg·kg⁻¹）
H6	20.10	18.73	28.49	0.39	0.16	4.48
H9	32.23	22.23	6.12	0.12	0.07	14.56
H10	60.25	37.25	2.35	0.86	0.85	10.54
H11	153.12	131.90	0.49	0.26	0.08	22.97

2.1.2　试验设计与实施

本试验的7个处理如下：① 对照：CK 不施入污泥；② LS（低量未淋洗污泥）：6 g/kg；③ MS（中量未淋洗污泥）：12 g/kg；④ HS（高量未淋洗污泥）：18 g/kg；⑤ LSL（低量淋洗污泥）：6 g/kg；⑥ MSL（中量淋洗污泥）：12 g/kg；⑦ HSL（高量淋洗污泥）：18 g/kg。重复4次试验。

试验于2016年3月开始，在山西农业大学资源环境学院实验站日光温室中进行，试验每盆装土780 g，污泥1和污泥2按上述比例施入土壤中，各处理再施入相同量N、P、K基肥（每盆土壤中施入尿素、过磷酸钙和硫酸钾各0.1 g/kg），充分混匀后每盆播小白菜，之后浇蒸馏水到土壤田间持水量的 70%，放入日照温室大棚中给予相同照料，于同年 7 月收获。

2.1.3　测定项目与方法

小白菜株高、根长用卷尺直接测量，地上 / 下部分干重用分析天平称量。

各土壤和污泥的 pH、有机质以及小白菜全氮、全磷、全钾的测定均采用常用测定方法；书中所有重金属元素均采用国际标准法进行测定，其中，Cu、Zn、Pb、Cr、Ni 采用 HNO_3-$HClO_4$ 消煮，等离子发射光谱法测定；As 采用 HNO_3-HCl 消煮，原子荧光光度法测定。

土壤 pH 使用 pH 计进行测定；土壤有机质采用重铬酸钾滴定法 - 外加热法测定；小白菜全氮、全磷、全钾的测定分别采用 H_2SO_4-H_2O_2 消煮凯氏定氮法、H_2SO_4-H_2O_2 消煮钒钼黄比色法和 H_2SO_4-H_2O_2 消煮，火焰光度计法。

2.1.4　计算方法

生物富集因子（bioconcentration factor，BCF）：指植物从土壤中吸收某种特定重金属并积累在植物体内的能力。计算公式如下：

$$BCF = C_{plant}/C_{soil} \qquad (2-1)$$

式中：C_{plant} 和 C_{soil} 分别为植物某部位的重金属浓度和对应的土壤重金属浓度，以烘干重为基准。

迁移因子（translocation factor，TF）：指植物体内重金属从根部迁移到地上部位的能力。计算公式如下：

$$TF = C_{shoot}/C_{root} \qquad (2-2)$$

式中：C_{shoot} 和 C_{root} 分别表示为地上部位和植物根部重金属浓度。

2.1.5　数据处理

本试验所有数据均采用 SPSS 软件进行方差分析和多重比较（PLSD 检验 – 标记字母法），并运用 Excel 2016 对原始数据进行相关处理和图表绘制（图中的数据均用平均值与标准偏差表示）。

2.2　结果与分析

2.2.1　城市污泥重金属去除前后施用对小白菜的影响

城市污泥中的重金属会对土壤和作物产生不利影响，将其中的重金属去除后与未去除重金属的城市污泥进行相同的处理施入石灰性褐土中，研究它们对土壤和小白菜产生的影响。

2.2.1.1　对小白菜生长的影响

城市污泥中含有大量对土壤、作物有益的有机质和养分元素，会对小白菜的生长产生影响。施入去除重金属前后的城市污泥对小白菜生长的影响如表 2–3 所示，由表 2–3 可知，施入去除重金属前后的城市污泥，石灰性褐土中小白菜的株高、根长、地上部 / 地下部干重与对照相比均发生了变化。

表 2-3　施入去除重金属前后的城市污泥对小白菜生长的影响

处理	株高 /cm	根长 /cm	地上部干重 / (g·盆$^{-1}$)	地下部干重 / (g·盆$^{-1}$)
CK	10.43 ± 0.21a	15.70 ± 1.07c	1.55 ± 0.17c	0.65 ± 0.26b
WD	11.39 ± 0.34de	18.53 ± 1.49ab	3.10 ± 0.39b	0.85 ± 0.13ab

续　表

处理	株高 /cm	根长 /cm	地上部干重 / (g · 盆⁻¹)	地下部干重 / (g · 盆⁻¹)
WZ	12.43 ± 0.82cd	19.25 ± 0.63ab	3.85 ± 0.70ab	0.93 ± 0.05ab
WG	14.39 ± 0.68b	19.44 ± 0.93a	4.50 ± 0.54a	1.13 ± 0.10a
LD	13.14 ± 0.28c	16.74 ± 0.67bc	3.18 ± 0.62b	0.78 ± 0.05b
LZ	14.76 ± 1.71b	16.79 ± 2.46bc	4.35 ± 0.42a	0.78 ± 0.15b
LG	19.11 ± 0.56a	17.75 ± 2.60abc	4.45 ± 0.45a	0.83 ± 0.33b

注：不同字母表示不同处理之间有统计学差异（$P < 0.05$），误差棒表示平均值的标准误差。

与 CK 相比，株高未去除重金属城市污泥的 WD、WZ 和 WG 处理分别增加了 9.2%、19.2% 和 38.0%；去除重金属城市污泥的 LD、LZ 和 LG 处理分别增加了 26.0%、41.5% 和 83.2%。其中，WD 处理差异不显著，其余差异均显著。将去除重金属的城市污泥各处理与未去除重金属的城市污泥各处理进行对比，低量、中量和高量城市污泥处理的小白菜地上部干重分别增加了 15.4%、18.7% 和 32.8%。分析可知，随着城市污泥施用量的增加，小白菜株高的增加量不断提高；而且，处理过的城市污泥比未处理过的城市污泥更能增加石灰性褐土中小白菜的株高。

与 CK 相比，未去除重金属城市污泥的 WD、WZ 和 WG 处理小白菜根长分别增加了 18.0%、22.6% 和 23.8%，差异均显著；去除重金属城市污泥的 LD、LZ 和 LG 处理分别增加了 6.6%、6.9% 和 13.1%，但差异均不显著。将去除重金属的城市污泥各处理与未去除重金属的城市污泥各处理进行对比，低量、中量和高量城市污泥处理的小白菜根长分别缩短了 9.7%、12.8% 和 8.7%。分析可知，随着城市污泥施用量的增加，小白菜根长的增加量不断提高；而且，未处理过的城市污泥比处理过的城市污泥更能增加石灰性褐土中小白菜的根长。

地上部干重未去除重金属城市污泥的 WD、WZ 和 WG 处理分别增加了 164.5%、230% 和 190.3%；去除重金属城市污泥的 LD、LZ 和 LG 处理分别增加了 105.2%、180.6% 和 187.1%；差异均显著。将去除重金属的城市污泥各处理与未去除重金属的城市污泥各处理进行对比，低量和中量城市污泥处理的小白菜地上部干重分别增加了 2.6% 和 13.0%，高量处理降低了 1.1%。地下部干重未去除重金属城市污泥的 WD、WZ 和 WG 处理分别增加了 30.8%、43.1% 和 73.8%，而去除重金属城市污泥的 LD、LZ 和 LG 处理分别增加了 20.0%、20.0% 和 27.7%；差异均显著。将去除重金属的城市污泥各处理与未去除重金属的城市污泥各处理进行对比，低量、中量和高量城市污泥处理的小白菜地下部干重分别减少了 8.2%、16.1% 和 26.5%。分析可知，随着城市污泥施用量的增加，两种处理的城市污泥均增加了小白菜地上部 / 地下部干重，且增加量也在提高，但未处理的城市污泥增加量大于处理过的城市污泥。

综上所述，施用未去除重金属和去除重金属的城市污泥都可以增加石灰性褐土中小白菜的株高、根长、地上部 / 地下部干重，其中对株高和地上部干重的影响，除 WD 增加不显著外，其余处理均显著；而对于根长和地下部干重的影响，除了 WG 处理外，其余处理增加均不显著。另外，未处理的城市污泥更能增加小白菜的根长和地下部干重。

2.2.1.2 对小白菜 TN、TP、TK 的影响

施入去除重金属前后的城市污泥对小白菜全氮、全磷、全钾含量的影响如图 2-1 ～图 2-3 所示。由图 2-1 ～图 2-3 可知，施入去除重金属前后的城市污泥后，石灰性褐土中小白菜的全氮、全磷和全钾与对照相比，均发生了一定变化。

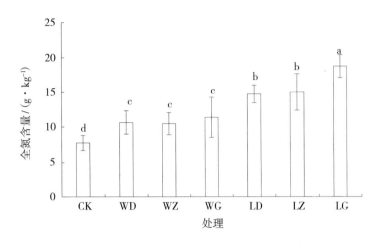

图 2-1 施入去除重金属前后的城市污泥对小白菜全氮含量的影响

注：不同字母表示不同处理之间有统计学差异（$P < 0.05$），误差棒表示平均值的标准误差。

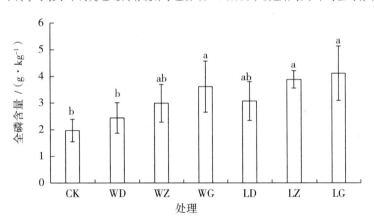

图 2-2 施入去除重金属前后的城市污泥对小白菜全磷含量的影响

注：不同字母表示不同处理之间有统计学差异（$P < 0.05$），误差棒表示平均值的标准误差。

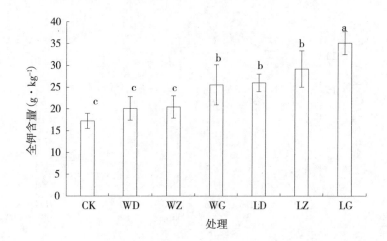

图2-3 施入去除重金属前后的城市污泥对小白菜全钾含量的影响

注：不同字母表示不同处理之间有统计学差异（$P < 0.05$），误差棒表示平均值的标准误差。

　　与 CK 相比，全氮未去除重金属城市污泥的 WD、WZ 和 WG 处理分别增加了 37.6%、35.3% 和 47.5%；去除重金属城市污泥的 LD、LZ 和 LG 处理分别增加了 92.5%、95.7% 和 142.0%，差异均显著。将去除重金属的城市污泥各处理与未去除重金属的城市污泥各处理进行对比，低量、中量和高量城市污泥处理的小白菜全氮含量分别增加了40.6%、43.8% 和 64.0%。

　　全磷未去除重金属城市污泥的 WD、WZ 和 WG 处理分别增加了23.9%、51.8% 和 83.2%；去除重金属城市污泥的 LD、LZ 和 LG 处理分别增加了 55.8%、97.0% 和 108.6%。其中，WD、WZ 和 LD 差异不显著，其余处理差异均显著。将去除重金属的城市污泥各处理与未去除重金属的城市污泥各处理进行对比，低量、中量和高量城市污泥处理的小白菜全磷含量分别增加了 25.8%、29.8% 和 13.9%。

　　全钾未去除重金属城市污泥的 WD、WZ 和 WG 处理分别增加了16.6%、18.6% 和 48.3%；去除重金属城市污泥的 LD、LZ 和 LG 处理分别增加了 50.9%、69.4% 和 103.7%。其中，WD、WZ 差异不显著，其余处理差异均显著。将去除重金属的城市污泥各处理与未去除重金属的城市污泥各处理进行对比，低量、中量和高量城市污泥处理的小白菜全钾含量分别增加了 29.4%、42.9% 和 37.4%。

综上所述，随着两种处理城市污泥施用量的增加，小白菜全氮、全磷和全钾含量呈增加趋势，而且增加量不断提高；但处理过的城市污泥比未处理过的城市污泥更能增加石灰性褐土中小白菜全氮、全磷和全钾的含量。这说明施用未去除重金属和去除重金属的城市污泥都可以增加石灰性褐土中小白菜全氮、全磷和全钾的含量，而且处理过的城市污泥对小白菜全氮、全磷和全钾含量的促进作用更明显。

2.2.1.3 对小白菜 Cu、Zn 含量的影响

施入去除重金属前后的城市污泥对小白菜 Cu、Zn 含量的影响如图 2-4 所示。由图 2-4 可知，施入去除重金属前后的两种城市污泥后，石灰性褐土小白菜中 Cu、Zn 含量与对照相比均发生了较大变化。

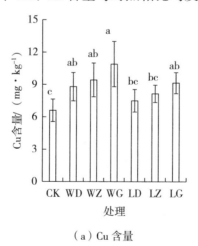

（a）Cu 含量

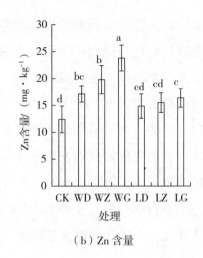

（b）Zn 含量

图 2-4　施入去除重金属前后的城市污泥对小白菜 Cu、Zn 含量的影响

注：不同字母表示不同处理之间有统计学差异（$P < 0.05$），误差棒表示平均值的标准误差。

与 CK 相比，未去除重金属城市污泥的 WD、WZ 和 WG 处理小白菜中 Cu 含量分别增加了 33.3%、42.9% 和 65.2%；去除重金属城市污泥的 LD、LZ 和 LG 处理石灰性褐土中 Cu 含量分别增加了 13.6%、23.5% 和 38.6%。各处理差异均显著。与 CK 相比，未去除重金属城市污泥的 WD、WZ 和 WG 处理石灰性褐土中 Zn 含量分别增加了 38.1%、59.5% 和 91.9%；去除重金属城市污泥的 LD、LZ 和 LG 处理石灰性褐土中 Zn 含量分别增加了 19.8%、25.1% 和 32.2%。其中，LD 和 LZ 处理差异不显著，其余处理差异均显著。将去除重金属的城市污泥各处理与未去除重金属的城市污泥各处理进行对比，低量、中量和高量城市污泥处理的小白菜中 Cu、Zn 含量分别降低了 14.8%、13.6%、16.1% 和 13.2%、21.6%、31.1%。

综上所述，随着两种处理城市污泥施用量的增加，石灰性褐土小白菜中 Cu、Zn 含量呈增加趋势，而且增加量不断增大；与未去除重金属的城市污泥各处理相比，去除重金属的城市污泥各处理小白菜中 Cu、Zn 含量增加的幅度较小；而且通过对比可以看出，除 LG 处理，未去除重金属的城市污泥与去除重金属的城市污泥各处理Cu含量增加幅度均小于Zn。这说明施用未去除重金属和去除重金属的城市污泥都不同程度增加了小白菜中Cu、Zn的含量，但去除重金属的城市污泥与未去除重金属的城市污泥相比，前者小白菜中Cu、Zn的含量增加幅度较小，且不同量城市污泥的施入对小白菜Zn含量的影响大于对Cu含量的影响。

2.2.1.4　对小白菜可食部分Cu、Zn富集的影响

通过计算小白菜中Cu、Zn的富集系数可以更进一步了解小白菜从石灰性褐土中吸收Cu、Zn并积累在体内的情况。

施入去除重金属前后的城市污泥对小白菜可食部分Cu、Zn富集的影响如图2-5所示。由图2-5可知，总体来看，与对照相比，随着两种城市污泥施用量的增加，除LD、LZ处理Zn的富集系数降低外，两种城市污泥各处理小白菜可食部分Cu、Zn的富集系数呈增加趋势，但小白菜中Cu、Zn富集系数均小于1。

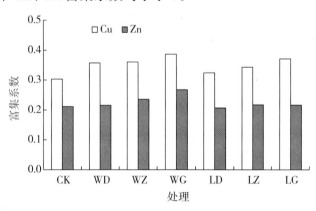

图2-5　施入去除重金属前后的城市污泥对小白菜可食部分Cu、Zn富集的影响

注：不同字母表示不同处理之间有统计学差异（$P < 0.05$），误差棒表示平均值的标准误差。

与CK相比，未去除重金属城市污泥的WD、WZ和WG处理小白菜中Cu的富集系数分别增加了20.0%、20.0%和30.0%；去除重金属

城市污泥的 LD、LZ 和 LG 处理石灰性褐土中 Cu 含量分别增加了 6.7% 和 13.3%、23.3%。与 CK 相比，未去除重金属城市污泥的 WD、WZ 和 WG 处理石灰性褐土中 Zn 的富集系数分别增加了 2.0%、11.5% 和 26.4%；去除重金属城市污泥的 LD 处理石灰性褐土中 Zn 富集系数降低了 2.2%，LZ、LG 处理 Zn 的富集系数分别增加了 2.4% 和 2.8%。

综上所述，小白菜 Cu 的富集系数大于 Zn。随着两种处理城市污泥施用量的增加，除 LD 处理外，小白菜中 Cu、Zn 的富集系数呈增加趋势，而且增加量不断增大。这说明施用两种城市污泥都不同程度地增加了小白菜中 Cu 的富集，去除重金属的城市污泥的低施用量可以降低小白菜中 Zn 的富集，但未去除重金属的城市污泥的各处理和去除重金属的城市污泥高施用量处理均增加了小白菜中 Zn 的富集。

2.2.2 施用重金属去除前后的城市污泥对石灰性土壤的影响

2.2.2.1 对石灰性土壤 pH 的影响

施入去除重金属前后的城市污泥对石灰性土壤 pH 的影响如图 2-6 所示。由图 2-6 可知，施入去除重金属前后的城市污泥，石灰性褐土 pH 与对照相比有所减小，变化幅度较小。

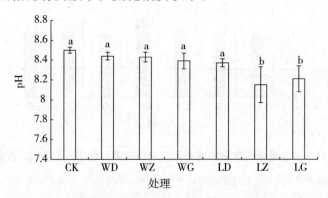

图 2-6　施入去除重金属前后的城市污泥对石灰性土壤 pH 的影响

注：不同字母表示不同处理之间有统计学差异（$P < 0.05$），误差棒表示平均值的标准误差。

与 CK 相比，未去除重金属城市污泥的 WD、WZ 和 WG 处理石灰性褐土的 pH 分别减小了 0.7%、0.8% 和 1.3%；去除重金属城市污泥的 LD、LZ 和 LG 处理石灰性褐土 pH 分别减小了 1.5%、4.1% 和 3.4%。其中，LZ、LG 处理差异显著，其余处理差异均不显著。将去除重金属的城市污泥各处理与未去除重金属的城市污泥各处理进行对比，低量、中量和高量城市污泥处理的石灰性褐土 pH 分别降低了 0.8%、3.4% 和 2.1%。

综上所述，随着两种处理城市污泥施用量的增加，石灰性褐土 pH 呈减小趋势，除 LG 处理的增加量大于 LZ 处理外，其余处理的减小量不断增大；与施入未去除重金属城市污泥的各处理相比，施入去除重金属城市污泥的各处理石灰性褐土 pH 的减小量在 LZ 处理达到最大值。这说明施用未去除重金属和去除重金属的城市污泥都不同程度地降低了石灰性褐土的 pH，但去除重金属的城市污泥与未去除重金属的城市污泥相比，前者对石灰性褐土 pH 的减小作用更大。

2.2.2.2 对石灰性土壤有机质的影响

施入去除重金属前后的城市污泥对石灰性土壤有机质含量的影响如图 2-7 所示。由图 2-7 可知，施入去除重金属前后的城市污泥，石灰性褐土有机质含量与对照相比变化幅度较大。

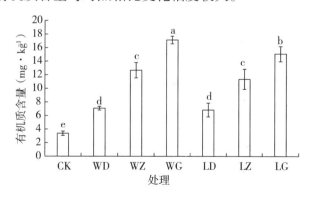

图 2-7　施入去除重金属前后的城市污泥对石灰性土壤有机质含量的影响

注：不同字母表示不同处理之间有统计学差异（$P < 0.05$），误差棒表示平均值的标准误差。

与 CK 相比，未去除重金属城市污泥的 WD、WZ 和 WG 处理石灰性褐土的 pH 分别减小了 109.8%、274.9% 和 407.4%；去除重金属城市污泥的 LD、LZ 和 LG 处理石灰性褐土 pH 分别减小了 102.4%、236.1% 和 346.2%。差异均显著。将去除重金属的城市污泥各处理石灰性褐土中有机质含量与未去除重金属的城市污泥各处理进行对比，低量、中量和高量城市污泥处理的石灰性褐土有机质含量分别减少了 3.5%、10.3% 和 12.1%。

综上所述，随着两种处理城市污泥施用量的增加，石灰性褐土有机质含量呈增加趋势，未去除重金属的城市污泥各处理石灰性褐土有机质的增加量大于去除重金属的城市污泥各处理有机质的增加量。这说明施用未去除重金属和去除重金属的城市污泥都不同程度地增加了石灰性褐土有机质含量，但未去除重金属的城市污泥与去除重金属的城市污泥相比，前者对石灰性褐土有机质含量的促进作用更大。

2.2.2.3 对石灰性土壤重金属 Cu、Zn 含量的影响

施入去除重金属前后的城市污泥对石灰性土壤 Cu、Zn 含量的影响如图 2-8 所示。由图 2-8 可知，施入去除重金属前后的城市污泥，石灰性褐土中 Cu、Zn 含量与对照相比，发生了一定变化。

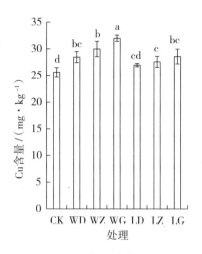

（a）Cu 含量

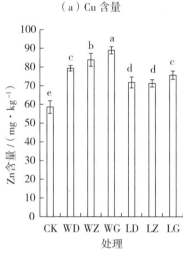

（b）Zn 含量

图 2-8　施入去除重金属前后的城市污泥对石灰性土壤 Cu、Zn 含量的影响

注：不同字母表示不同处理之间有统计学差异（$P < 0.05$），误差棒表示平均值的标准误差。

与 CK 相比，未去除重金属城市污泥的 WD、WZ 和 WG 处理石灰性褐土中 Cu、Zn 含量分别增加了 11.3%、17.2%、25.0% 和 35.4%、43.1% 和 51.7%；去除重金属城市污泥的 LD、LZ 和 LG 处理石灰性褐土中 Cu、Zn 分别增加了 5.5%、7.8%、11.7% 和 22.5%、21.7%、

29.1%；除 Cu 的 LD 处理外，其余处理差异均显著。将去除重金属的城市污泥各处理与未去除重金属的城市污泥各处理进行对比，低量、中量和高量城市污泥处理的石灰性褐土中 Cu、Zn 含量分别降低了 5.3%、8.0%、10.6% 和 10.2%、14.7%、14.9%。

综上所述，随着两种处理城市污泥施用量的增加，石灰性褐土中 Cu、Zn 含量呈增加趋势，而且增加量不断增大；与未去除重金属的城市污泥各处理相比，去除重金属的城市污泥各处理石灰性褐土中 Cu、Zn 含量增加的幅度较小；而且通过对比可以看出，两类处理中 Zn 含量的变化幅度大于 Cu。这说明施用未去除重金属和去除重金属的城市污泥都不同程度地增加了石灰性褐土中 Cu、Zn 的含量，但去除重金属的城市污泥与未去除重金属的城市污泥相比，前者对石灰性褐土中 Cu、Zn 的促进作用较小，且不同量城市污泥的施入对石灰性褐土中 Zn 含量的影响大于对 Cu 含量的影响。

2.2.2.4 对石灰性土壤有效态 Cu、Zn 含量的影响

施入去除重金属前后的城市污泥对石灰性土壤有效态 Cu、Zn 含量的影响如图 2-9 所示。由图 2-9 可知，施入去除重金属前后的城市污泥，石灰性褐土中有效态 Cu、Zn 含量与对照相比发生了一定变化。

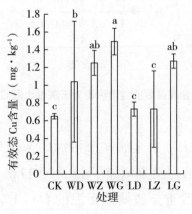

（a）有效态 Cu 含量

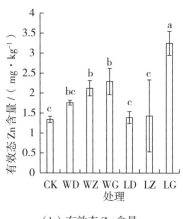

（b）有效态 Zn 含量

图 2-9　施入去除重金属前后的城市污泥对石灰性土壤有效态 Cu、Zn 含量的影响

注：不同字母表示不同处理之间有统计学差异（$P < 0.05$），误差棒表示平均值的标准误差。

与 CK 相比，未去除重金属城市污泥的 WD、WZ 和 WG 处理石灰性褐土中有效态 Cu 含量分别增加了 60.0%、92.3% 和 129.2%；去除重金属城市污泥的 LD、LZ 和 LG 处理石灰性褐土中有效态 Cu 含量分别增加了 12.3%、12.3% 和 95.4%。其中，LD 和 LZ 差异不显著，其余处理均差异显著。与 CK 相比，未去除重金属城市污泥的 WD、WZ 和 WG 处理石灰性褐土中有效态 Zn 含量分别增加了 31.3%、58.2% 和 70.9%；去除重金属城市污泥的 LD、LZ 和 LG 处理石灰性褐土中有效态 Zn 含量分别增加了 3.7%、6.7% 和 142.5%。其中，WD、LD、LZ 处理差异不显著，其余处理差异均显著。

将去除重金属的城市污泥各处理与未去除重金属的城市污泥各处理进行对比，低量、中量和高量城市污泥处理的石灰性褐土中有效态 Cu、Zn 含量分别降低了 29.8%、41.6%、14.8% 和 21.0%、32.5%、41.9%。

综上所述，随着两种处理城市污泥施用量的增加，石灰性褐土中有效态 Cu、Zn 含量呈增加趋势，而且增加量不断增大；除 LG 处理的 Zn 含量大于 WG 处理有效态 Zn 含量外，与未去除重金属的城市污泥各处理相比，去除重金属的城市污泥各处理石灰性褐土中有效态 Cu、Zn 含量增加的幅度较小；通过对比可以看出，除 LG 处理的有效态 Zn 含量大于 WG 处理 Cu 含量外，两类处理中有效态 Cu 含量的变化幅度均大于有效态 Zn。这说明施用未去除重金属和去除重金属的城市污泥都不同程度地增加了石灰性褐土中有效态 Cu、Zn 的含量，但去除重金属的城市污泥与未去除重金属的城市污泥相比，前者对石灰性褐土中有效态 Cu、Zn 的促进作用较小，且不同量城市污泥的施入对石灰性褐土中对有效态 Cu 含量的影响大于对有效态 Zn 含量的影响。

2.3 讨论与结论

2.3.1 讨论

盆栽小白菜石灰性褐土中施入去除与未去除重金属的城市污泥均增加了小白菜株高、根长、地上部 / 地下部干重、土壤 pH、土壤有机质含量及小白菜全氮、全磷和全钾含量，且随着城市污泥施用量的增加，这种增加量不断提高。

这是因为未去除和去除重金属的城市污泥中均含有对作物生长发育有益的养分元素及有机物质，但是通过对比发现，施入去除重金属的城市污泥比未去除重金属的城市污泥更能增加小白菜株高和地上部干重，但对于根长和地下部干重来说，这种作用正好相反。目前，将城市污泥通过各种方法去除其重金属后将滤渣施入土壤中的研究较少，但利用物理、化学、生物等各种方法去除污泥中重金属的研究较多。一般认为污泥在经过微生物去除重金属的过程中会不同程度地损失其中的有机质及养分元素，但是本试验在去除城市污泥重金属时加入了煤基腐殖酸，使得其中含有较多腐殖质，所以能够填补在去除重金属过程中丢失的部分养分和有机质。微生物是嗜酸性的，pH 极低，这样会使得土壤 pH 降低，试验将小白菜的株高、地上部干重与土壤pH 进行了相关分析，发现小白菜株高、地上部干重分别与土壤 pH 呈极显著负相关（0.01 水平）和显著负相关（0.05 水平），而施入去除重金属城市污泥各处理的 pH 均低于未去除重金属城市污泥的 pH，这便解释了为什么施入去除重金属的城市污泥比未去除重金属的城市污泥更能增加小白菜株高和地上部干重。本试验结果显示，施用两种污泥都不同程度地增加了盆栽小白菜石灰性褐土有机质的含量，但施入未去除重金属的城市污泥对石灰性褐土有机质含量的促进作用更大，所以它们相对应的根长和地下部干重也有同样差异。

　　盆栽小白菜石灰性褐土中施入去除与未去除重金属的城市污泥均不同程度地增加了小白菜和土壤中 Cu、Zn 的含量、土壤中 Cu、Zn 有效态含量，而且随着城市污泥施用量的增加，增加量不断提高。但是，施入去除重金属的城市污泥与未去除重金属的城市污泥相比，上述各指标 Cu、Zn 含量增加的幅度较小。因为城市污泥中含有一定量的重金属，所以施入土壤中会增加土壤和作物中的重金属含量。

　　施用两种处理的城市污泥都不同程度地增加了小白菜中 Cu 的富集，去除重金属的城市污泥的低施用量处理可以降低小白菜中 Zn 的富集，但未去除重金属的城市污泥的各处理和去除重金属的城市污泥高施用量处理均增加了小白菜中 Zn 的富集。张妍等（2011）的研究表明，随着鸡粪施用量的增加，小白菜中 Cu 的富集系数增大，Zn 的富集系数减小，这与土壤中含有较高有机质有关，因为城市污泥和鸡粪中均含有较高有机质；在碱性条件下，可溶性有机质（DOC）可以阻止金属元素，特别是 Cu 向氢氧化物或碳酸盐等沉淀形态转化，使得土壤溶液中可溶态浓度增加，矿物吸附作用减少，从而促进了 Cu 的迁移，增加其富集作用。

2.3.2　结论

2.3.2.1　对小白菜的影响

随着城市污泥施用量的增加，两种处理的城市污泥均增加了小白菜株高、地上部/地下部干重，且增加量不断提高；而且，去除重金属的城市污泥比未去除重金属的城市污泥更能增加小白菜株高和地上部干重，但对于根长和地下部干重来说，这种作用正好相反。

随着两种处理城市污泥施用量的增加，小白菜全氮、全磷和全钾含量呈增加趋势，而且增加量不断提高；但处理过的城市污泥比未处理过的城市污泥更能增加石灰性褐土中小白菜全氮、全磷和全钾的含量。这说明施用未去除重金属和去除重金属的城市污泥都可以增加石灰性褐土中小白菜全氮、全磷和全钾的含量，而且处理过的城市污泥对小白菜全氮、全磷和全钾含量的促进作用更大。

施用未去除重金属和去除重金属的城市污泥都不同程度地增加了小白菜中 Cu、Zn 的含量，但去除重金属的城市污泥与未去除重金属的城市污泥相比，前者小白菜中 Cu、Zn 的含量增加幅度较小，且不同量城市污泥的施入对小白菜 Cu 含量的影响大于对 Zn 含量的影响。

施用两种城市污泥都不同程度地增加了小白菜中 Cu 的富集，去除重金属的城市污泥的低、中施用量可以降低小白菜中 Zn 的富集，但未去除重金属的城市污泥的各处理和去除重金属的城市污泥高施用量处理均增加了小白菜中 Zn 的富集。小白菜 Zn 的富集系数大于 Cu，且 Cu、Zn 富集系数均小于 1。

2.3.2.2 对石灰性褐土的影响

施用两种处理的城市污泥都不同程度降低了石灰性褐土的 pH，但去除重金属的城市污泥与未去除重金属的城市污泥相比，前者对石灰性褐土 pH 的减小作用更大。

施用未去除重金属和去除重金属的城市污泥都不同程度地增加了石灰性褐土有机质含量，但未去除重金属的城市污泥与去除重金属的城市污泥相比，前者对石灰性褐土有机质含量的促进作用更大。

施用未去除重金属和去除重金属的城市污泥都不同程度地增加了石灰性褐土中 Cu、Zn 的含量，但去除重金属的城市污泥与未去除重金属的城市污泥相比，前者对石灰性褐土中 Cu、Zn 的促进作用较小，且不同量城市污泥的施入对石灰性褐土中 Cu 含量的影响大于对 Zn 含量的影响。

第 3 章　城市污泥配施不同量鸡粪对不同 pH 土壤和小白菜的影响

3.1 材料与方法

3.1.1 供试材料

3.2.1.1 供试作物及盆钵

本试验选择生长快且对重金属累积性较强的四季小白菜（*Brassica oleracea* Linnaeus var. *capitata* Linnaeus）作为供试作物。试验用盆钵为直径 14 cm、高 10 cm 的塑料盆。

3.2.1.2 供试土壤

供试土壤为石灰性褐土、红壤和砖红壤，分别采集于山西农业大学资源环境学院实验站玉米地（N37°43′，E112°28′）、广西壮族自治区柳州市柳江区穿山镇新型农场华侨队甘蔗地（N24°5′8″，E109°24′45″）和海南省琼海市潭门镇西村村委会大水岭村荒草地（N19°02′，E110°13′）的 0 ～ 20 cm 土层。采集的土壤去除石块及动植物残体等杂质物质，混匀用于盆栽实验，同时部分分别过 1 mm 和 0.149 mm 的尼龙筛，用于土样基本性质的测定。供试土壤的理化性质如表 3-1 所示。

表 3-1　供试材料部分基础性质

供试材料	铜（Cu）/ (mg·kg⁻¹)	锌（Zn）/ (mg·kg⁻¹)	全氮(N) / (%)	有效磷（P） /(mg·kg⁻¹)	速效钾（K） /(mg·kg⁻¹)	有机质 / (%)	pH
砖红壤	17.35	67.99	0.04	1.52	49.60	0.41	4.42
红壤	45.27	101.06	0.11	4.37	183.53	1.73	5.38
石灰性褐土	37.89	101.03	0.08	25.57	199.40	1.37	8.32
供试污泥	448.70	386.80	0.98	74.59	230.00	33.2	7.42
鸡粪	70.23	408.13	2.86	149.18	118.32	50.00	8.45

3.2.1.3 供试污泥

供试污泥采集自山西省运城市某污水处理厂，只处理生活污水，所产生的污泥为生活污泥，经过高温好氧堆制成腐熟污泥备用。供试污泥中 Pb、Cr、Cd、Hg 和 As 的含量分别为 56.12 mg/kg、66.23 mg/kg、1.97 mg/kg、3.82 mg/kg 和 15.01 mg/kg，Cu 和 Zn 的含量以及其他相关性质如表 3-1 所示。供试污泥中重金属 Pb、Cr、Cd、As、Cu 和 Zn 的含量均未超过国家《农用污泥污染物控制标准》（GB 4284—2018）中 A 级污泥产物相应限值，而 Hg 含量略高于 A 级污泥产物相应限值，但远低于 B 级污泥产物相应限值。

4. 供试鸡粪

供试鸡粪采集自山西省长治市、晋城市等地区的鸡粪，剔除其中的石块、土粒等杂质，然后将其混合均匀，经过高温堆制腐熟后作为本试验用有机肥（其相关性质如表 3-1 所示）。

3.1.2　试验设计与实施

团队在前期研究不同量城市污泥对作物的影响中发现，单施入城市污泥 18 g/kg 时，作物整体长势相对最好，所以本研究选择加入城市污泥的量为 18 g/kg。鸡粪施入量主要依据前人研究中单施鸡粪量，主要考虑其中 Cu、Zn 含量不要超过《土壤环境质量　农用地土壤污染风险管控标准（试行）》（GB 15618—2018）规定的限值的前提下，确定鸡粪最大施用量。

采用温室盆栽试验，设 5 个处理：① 处理 1：不加污泥，不加鸡粪（对照 CK）；② 处理 2：加污泥 18 g/kg，不加鸡粪（S）；③ 处理 3：加污泥 18 g/kg，加鸡粪 60 g/kg（SM_{60}）；④ 处理 4：加污泥 18 g/kg，加鸡粪 120 g/kg（SM_{120}）；⑤ 处理 5：加污泥 18 g/kg，加鸡粪 180 g/kg（SM_{180}）。

试验于 2016 年 3 月在山西农业大学资源环境学院实验站日光温室中进行，试验每盆分别装供试土壤（石灰性褐土或红壤或砖红壤）780 g。按试验设计，除处理 1 不加污泥和鸡粪外，其余处理按 18 g/kg 比例加入污泥和相应比例数量的鸡粪，充分混匀后浇蒸馏水到田间持水量的 70%，随机放置于大棚中稳定 2 d，播种小白菜，待出苗后每盆定苗 10 株。小白菜生长期间每隔 2 d 浇一次水，每次每盆浇等量蒸馏水约 100 mL，于 2016 年 5 月结束试验。

试验结束后，各处理按地下部和地上部分别采收小白菜。将盆栽土壤完全倒出，把供试作物全部整株收集起来，要保证作物的完整性，将小白菜用蒸馏水冲洗干净后，测定作物的株高、根长、地上部和地下鲜重。然后将样品按不同处理的地下部和地上部分别装入牛皮纸袋后放入烘箱内，在 105 ℃的烘箱下杀青 30 min，杀青结束后控制烘箱温度为 70 ℃，烘干直至恒重，测定地下部和地上部干重后，用玛瑙研钵研碎过 1 mm 筛，进行养分和重金属含量的测定。

收集完小白菜后，将倒在牛皮纸上的盆栽土壤全部充分混匀，将其放置在室内干净通风处风干，风干后分别取出部分过 1 mm 和 0.149 mm 的尼龙筛，用于土壤中 Cu、Zn 全含量及有效态含量及其他基本性质的测定。

3.1.3　测定项目与方法

小白菜株高、根长用卷尺直接分别测量，然后计算每个处理10株小白菜株高和根长的算术平均值；地上和地下部分干重用分析天平称量；土壤 pH 使用 pH 计进行测定；土壤中全氮（N）的测定采用 SM–120SO$_4$ 消煮，凯氏定氮法；土壤有效磷（P）的测定采用 0.5 mol·L^{-1} NaHCO$_3$ 浸提，分光光度计法；土壤速效钾（K）的测定采用醋酸铵浸提，火焰光度计法；土壤有机质测定采用 K$_2$Cr$_2$O$_7$ 滴定法 – 外加热法测定；土壤和小白菜中 Cu、Zn 全量采用 HNO$_3$–HClO$_4$ 消煮，等离子发射光谱法测定；土壤有效态 Cu、Zn 含量采用 DTPA–TEA 浸提，原子吸收分光光度法测定。

测定植株和土壤样本中重金属 Cu、Zn 时分别用标准物质 GBW07602（GSV–1）和 GBW07408 进行质量控制。

3.1.4　计算方法

生物富集因子（BCF）与迁移因子（TF）的计算方式已在第 2 章进行介绍，如式（2–1）和式（2–2）所示。在此不再赘述。

3.1.5　数据处理

本试验所有数据均采用 SPSS 软件进行方差分析和多重比较（PLSD 检验 – 标记字母法），并运用 Excel 2016 对原始数据进行相关处理和图表绘制（图中的数据均用平均值与标准偏差表示）。

3.2　结果与分析

3.2.1　城市污泥配施不同量鸡粪对土壤有机质及 pH 的影响

3.2.1.1　对三种供试土壤有机质含量的影响

砖红壤、红壤和石灰性褐土中施入城市污泥与不同量鸡粪对三种土壤有机质含量均有明显的影响（图 3-1）。三种土壤有机质含量的变化范围分别为 3.93 ~ 38.67 g/kg、16.99 ~ 52.73 g/kg 和 12.92 ~ 49.09 g/kg。从图 3-1 可以看出，随着城市污泥和不同量鸡粪的施入，三种土壤中有机质均呈增加的变化趋势。

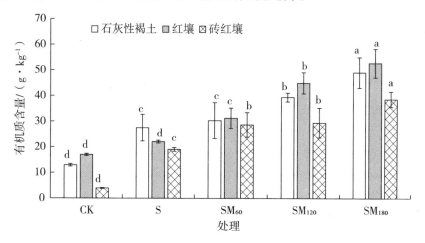

图 3-1　城市污泥配施不同量鸡粪对砖红壤、红壤和石灰性褐土有机质含量的影响

注：不同字母表示不同处理之间有统计学差异（$P < 0.05$），误差棒表示平均值的标准误差。

与 CK 相比，砖红壤 S、SM_{60}、SM_{120} 和 SM_{180} 处理有机质含量分

别增加了 384.73%、630.03%、650.13% 和 883.97%；红壤各处理有机质含量分别增加了 29.84%、84.05%、164.69% 和 210.36%；石灰性褐土各处理有机质含量分别增加了 112.93%、134.67%、204.95% 和 279.95%；除红壤 S 处理与 CK 差异不显著外，其余三种土壤各处理有机质含量均较 CK 显著增加。

与 S 处理相比，砖红壤、红壤和石灰性褐土 SM_{60}、SM_{120} 和 SM_{180} 处理有机质含量分别增加了 50.60%、54.75% 和 102.99%，41.75%、103.85% 和 139.03%，10.21%、43.22% 和 78.44%，其中石灰性褐土 SM_{60} 处理差异不显著，其余各处理均差异显著。

综上可知，砖红壤、红壤和石灰性褐土中单施入城市污泥能够增加其中有机质的含量，但红壤增加不显著。与单施入城市污泥相比，将城市污泥配施不同量鸡粪，随着鸡粪施用量的增加，除石灰性褐土的 SM_{60} 处理与 S 处理差异不显著外，三种土壤增施鸡粪的处理有机质含量均较 S 处理显著增加。其中，SM_{60} 处理砖红壤中有机质含量及 SM_{120}、SM_{180} 处理红壤中有机质含量增加的幅度最大。这是因为供试污泥特别是供试鸡粪中含有丰富的有机物质，施入各土壤后经过腐殖化作用和矿质化作用转化为土壤有机质，增加了其含量。

3.2.1.2 对三种供试土壤 pH 的影响

砖红壤、红壤和石灰性褐土中施入城市污泥与不同量鸡粪会对土壤 pH 产生一定的影响（图 3-2）。三种土壤 pH 的变化范围分别为 4.17～6.89、5.10～7.62 和 7.56～8.32。从图 3-2 可以看出，随着城市污泥和不同量鸡粪的施入，砖红壤和红壤 pH 呈增加趋势，石灰性褐土的 pH 呈降低的变化趋势。

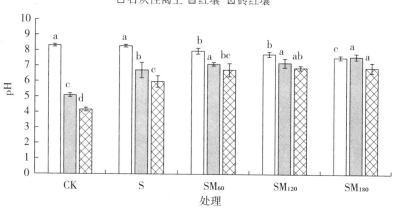

图 3-2 城市污泥配施不同量鸡粪对砖红壤、红壤和石灰性褐土 pH 的影响

注：不同字母表示不同处理之间有统计学差异（$P < 0.05$），误差棒表示平均值的标准误差。

与 CK 相比，砖红壤 S、SM_{60}、SM_{120} 和 SM_{180} 处理的 pH 分别增加了 1.81、2.58、2.17 和 2.72 单位 pH；红壤各处理 pH 分别增加了 0.79、2.03、2.1 和 2.52 单位 pH；石灰性褐土各处理 pH 分别降低了 0.03、0.35、0.55 和 0.76 单位 pH。其中，石灰性褐土 S 处理下降不显著，其余各处理三种土壤 pH 变化均显著。

与 S 处理相比，砖红壤和红壤 SM_{60}、SM_{120}、SM_{180} 处理的 pH 分别增加了 0.78、0.90、0.91 和 0.41、0.48、0.90 单位 pH，石灰性褐土各处理 pH 分别降低了 0.32、0.52 和 0.73 单位 pH。其中砖红壤 SM_{60} 处理增加不显著，其余各处理均差异显著。

综上可知，砖红壤和红壤中单施入城市污泥能够显著增加其 pH，而石灰性褐土单施污泥降低不显著。与单施入城市污泥相比，将城市污泥与不同量鸡粪配施到砖红壤和红壤中，随着鸡粪施用量的增加，除砖红壤的低量鸡粪 SM_{60} 处理外，砖红壤和红壤各处理 pH 均随之显著增加，而石灰性褐土各处理 pH 均显著减小。这说明随着鸡粪施用量的增加，与砖红壤和石灰性褐土相比，红壤 pH 增加幅度较大；同时也表明施入城市污泥和鸡粪对调节土壤酸碱性具有良好的作用，这与二者含有大量的有机物质（表3-1）对土壤酸碱性具有缓冲作用有关，可以增加酸性土壤的 pH，而降低碱性土壤的 pH。

3.2.2 城市污泥配施不同量鸡粪对土壤全 Cu、全 Zn 含量的影响

城市污泥配施不同量鸡粪对三种土壤中 Cu、Zn 含量的影响如图 3-3～图 3-5 所示。由图 3-3～图 3-5 可知，总体来看，砖红壤、红壤、石灰性褐土中 Cu 和 Zn 含量均随着污泥的施入和鸡粪配施量的增加而呈增加趋势，其中砖红壤 Cu 和 Zn 含量范围分别为 17.96～38.66 mg/kg 和 70.98～193.73 mg/kg；红壤 Cu 和 Zn 含量的变化范围分别为 46.29～61.54 mg/kg 和 107.20～198.73 mg/kg；石灰性褐土 Cu 和 Zn 含量的变化范围分别为 38.15～44.40 mg/kg 和 102.61～153.25 mg/kg，且均在 SM_{180} 处理相对最高。下面进行具体分析。

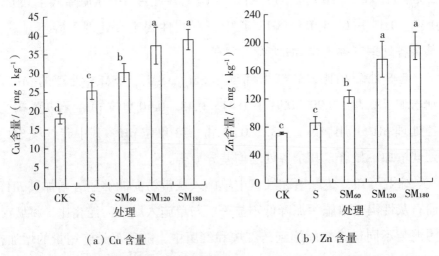

（a）Cu 含量　　　　　　　（b）Zn 含量

图 3-3　城市污泥配施不同量鸡粪对砖红壤中 Cu、Zn 含量的影响

注：不同字母表示不同处理之间有统计学差异（$P < 0.05$），误差棒表示平均值的标准误差。

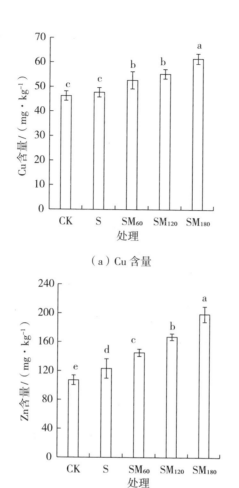

（a）Cu 含量

（b）Zn 含量

图 3-4　城市污泥配施不同量鸡粪对红壤中 Cu、Zn 含量的影响

注：不同字母表示不同处理之间有统计学差异（$P < 0.05$），误差棒表示平均值的标准误差。

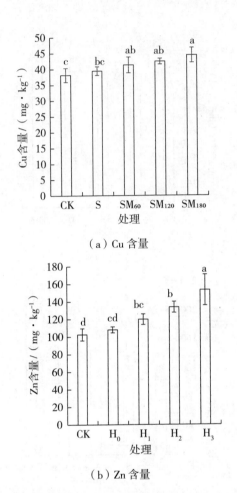

（a）Cu 含量

（b）Zn 含量

图 3-5　城市污泥配施不同量鸡粪对石灰性褐土中 Cu、Zn 含量的影响

注：不同字母表示不同处理之间有统计学差异（$P < 0.05$），误差棒表示平均值的标准误差。

与 CK 相比，砖红壤中 S、SM_{60}、SM_{120} 和 SM_{180} 处理的 Cu 含量分别显著增加了 40.70%、67.26%、106.63% 和 115.27%；Zn 含量分别显著增加了 20.05%、72.02%、146.62% 和 172.94%，除 S 处理增加不显著外，其余处理均显著增加（图 3-3）。

与 S 处理相比，砖红壤中 SM_{60}、SM_{120} 和 SM_{180} 处理的 Cu 含量分别显著增加了 18.88%、46.85% 和 52.99%；Zn 含量分别显著增加了

43.29%、105.43% 和 127.36%（图 3-3）。

与 CK 相比，红壤中 S、SM$_{60}$、SM$_{120}$ 和 SM$_{180}$ 处理的 Cu 含量分别增加了 3.14%、13.86%、19.41% 和 32.95%，除 S 处理增加不显著外，其余处理均显著增加；各处理 Zn 含量分别显著增加了 15.02%、35.50%、55.97% 和 85.38%（图 3-4）。

与 S 处理相比，红壤中 SM$_{60}$、SM$_{120}$ 和 SM$_{180}$ 处理的 Cu 含量分别显著增加了 10.40%、15.78% 和 28.91%；各处理 Zn 含量分别显著增加了 17.80%、35.60% 和 61.17%（图 3-4）。

与 CK 相比，石灰性褐土中 S、SM$_{60}$、SM$_{120}$ 和 SM$_{180}$ 处理的 Cu 含量分别增加了 3.41%、8.31%、11.25% 和 16.38%；各处理 Zn 含量分别增加了 5.21%、16.75%、30.42% 和 49.35%；除 S 处理 Zn 增加不显著外，其余处理 Cu、Zn 均显著增加（图 3-5）。

与 S 处理相比，石灰性褐土中 SM$_{60}$、SM$_{120}$ 和 SM$_{180}$ 处理的 Cu 含量分别增加了 4.74%、7.58% 和 12.55%，SM$_{180}$ 处理差异显著，其余处理均差异不显著；各处理 Zn 含量分别增加了 10.97%、23.96% 和 41.95%，SM$_{60}$ 处理增加不显著，SM$_{120}$ 和 SM$_{180}$ 处理均显著增加（图 3-5）。

综上可知，因供试污泥和鸡粪均含有较高的重金属 Cu 和 Zn（如表 3-1 所示），分别施入三种供试土壤均增加了重金属 Cu 和 Zn 的含量，且随着鸡粪施用量的增加，三种土壤中 Cu、Zn 含量随之增加。而且随着鸡粪配施量增加，三种供试土壤 Zn 含量增加的幅度大于 Cu 增加的幅度，这与鸡粪中 Zn 含量远大于 Cu 含量有关。重金属因在土壤中存在的持久性和累积性，以及其对生态环境和农产品质量安全的潜在威胁，在一定程度上阻碍和限制了城市污泥以及鸡粪的农业资源化利用和它们进入自然界的物质能量再循环。但是，在本研究中供试污泥和鸡粪的施用量下，三种土壤重金属就 Cu 和 Zn 含量而言均未超过《土壤环境质量　农用地土壤污染风险管控标准（试行）》（GB 15618—2018）中的标准值。

3.2.3　城市污泥配施不同量鸡粪对土壤有效性 Cu、Zn 含量的影响

城市污泥配施不同量鸡粪对三种土壤有效态 Cu、Zn 含量的影响如图 3-6～图 3-8 所示。由图 3-6～图 3-8 可知，砖红壤有效态 Cu、Zn 含量均随供试污泥的施入和鸡粪配施量的增加呈增加的变化趋势，有效态 Cu 和 Zn 含量的变化范围分别为 1.21～5.81 mg/kg 和 4.50～14.30 mg/kg，且均在 SM$_{180}$ 处理时相对最大；而红壤和石灰性褐土有效态 Cu 含量随供试污泥的施入和鸡粪配施量的增加均呈先增加后降低的变化趋势，红壤和石灰性褐土有效态 Zn 含量随供试污泥的施入和鸡粪配施量的增加均呈增加的变化趋势，但增加幅度均逐渐变小，红壤有效态 Cu 和 Zn 含量的变化范围分别为 3.20～7.10 mg/kg 和 5.57～17.86 mg/kg，有效态 Cu 和 Zn 含量分别在 SM$_{120}$ 和 SM$_{180}$ 处理时相对最大，石灰性褐土有效态 Cu 和 Zn 含量的变化范围分别为 3.25～7.36 mg/kg 和 4.92～14.63 mg/kg，有效态 Cu 含量在 SM$_{60}$ 处理时相对最大，有效态 Zn 在 SM$_{180}$ 处理时相对最大。下面进行具体分析。

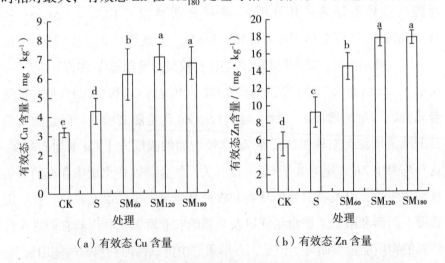

（a）有效态 Cu 含量　　　　　　（b）有效态 Zn 含量

图 3-6　城市污泥配施不同量鸡粪对砖红壤有效态 Cu、Zn 含量的影响

注：不同字母表示不同处理之间有统计学差异（$P < 0.05$），误差棒表示平均值的标准误差。

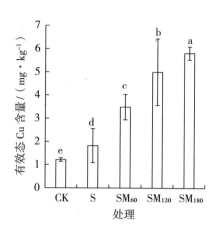

（a）有效态 Cu 含量

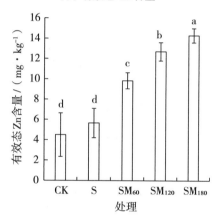

（b）有效态 Zn 含量

图 3-7　城市污泥配施不同量鸡粪对红壤有效态 Cu、Zn 含量的影响

注：不同字母表示不同处理之间有统计学差异（$P < 0.05$），误差棒表示平均值的标准误差。

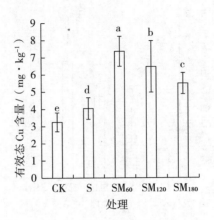

（a）有效态 Cu 含量

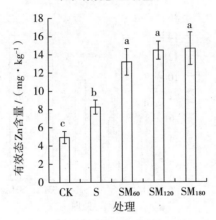

（b）有效态 Zn 含量

图 3-8　城市污泥配施不同量鸡粪对石灰性褐土有效态 Cu、Zn 含量的影响

注：不同字母表示不同处理之间有统计学差异（$P < 0.05$），误差棒表示平均值的标准误差。

　　与 CK 相比，砖红壤 S、SM$_{60}$、SM$_{120}$ 和 SM$_{180}$ 处理的有效态 Cu 含量分别显著增加了 51.24%、188.43%、313.22% 和 380.17%；各处理有效态 Zn 含量分别增加了 25.78%、118.44%、182.22% 和 217.78%，其中除 S 处理差异不显著外，其余处理有效态 Zn 含量均显著增加（图 3-6）。

　　与 S 处理相比，砖红壤中 SM$_{60}$、SM$_{120}$ 和 SM$_{180}$ 处理有效态 Cu 含

量分别显著增加了90.71%、173.22%和217.49%；各处理有效态Zn含量分别显著增加了73.67%、124.38%和152.65%（图3-6）。

与CK相比，红壤中S、SM_{60}、SM_{120}和SM_{180}处理有效态Cu含量分别显著增加了34.59%、94.06%、121.94%和111.63%；各处理有效态Zn含量分别显著增加了29.62%、160.86%、220.031%和220.65%（图3-7）。

与S处理相比，红壤中SM_{60}、SM_{120}、SM_{180}处理有效态Cu含量分别显著增加了44.42%、65.16%和57.49%；有效态Zn含量分别显著增加了101.25%、146.89%和147.37%（图3-7）。

与CK相比，石灰性褐土中S、SM_{60}、SM_{120}、SM_{180}处理有效态Cu含量分别显著增加了24.37%、126.46%、99.07%和68.92%；各处理有效态Zn含量分别显著增加了71.09%、173.24%、199.38%和203.53%（图3-8）。

与S处理相比，石灰性褐土中SM_{60}、SM_{120}、SM_{180}处理有效态Cu含量分别显著增加了82.18%、60.15%和35.89%；各处理有效态Zn含量分别显著增加了110.72%、130.88%和134.08%（图3-8）。

城市污泥配施不同量鸡粪均增加了三种供试土壤的有效态Cu和Zn的含量，这自然是由于供试污泥和鸡粪中含有较高的Cu和Zn的影响结果。但是，随着城市污泥的施入和配施鸡粪量的增加，三种土壤有效态Cu和Zn含量的增加变化趋势不同，砖红壤有效态Cu含量呈增加趋势，SM_{180}处理时相对最大，而红壤和石灰性褐土有效态Cu含量均呈增加后降低变化趋势，红壤SM_{120}处理时相对最大，石灰性褐土SM_{60}处理时相对最大；三种土壤有效态Zn含量均呈增加趋势，且均在SM_{180}处理时相对最大，但红壤和石灰性褐土SM_{180}处理均与SM_{120}处理差异不显著，而砖红壤SM_{180}处理均与SM_{120}处理差异显著，表明红壤和石灰性褐土增加幅度趋于变小。

以上三种供试土壤施入供试污泥和鸡粪后有效态 Cu 和 Zn 含量的变化差异既与 Cu 和 Zn 离子的特性有关，更与土壤的酸碱性和有机质有关。从 pH 的大小来看，石灰性褐土 > 红壤 > 砖红壤，有机质含量为红壤 > 石灰性褐土 > 砖红壤（表 3-1），低 pH 的砖红壤有利于重金属 Cu 和 Zn 的活化，而偏碱性的石灰性褐土则有利于重金属 Cu 和 Zn 的固定，形成难溶性的氢氧化物和碳酸盐沉淀，污泥特别是鸡粪中大量有机物质转化为土壤有机质的过程中会产生大量大分子有机化合物，而这些有机大分子物质与土壤中活性 Cu 离子和 Zn 离子形成不同稳定性的螯合物，且与 Cu 离子形成的螯合物稳定性远高于与 Zn 离子形成的螯合物。因此，随着试验中配施鸡粪量的增加，在土壤中的转化过程中形成的大分子有机化合物也同样增加，进而与活性 Cu 离子结合降低其有效性，但由于与 Zn 离子的结合不稳定，对其有效性影响不明显。有机物质对 Cu 和 Zn 有效性影响的差异在石灰性土壤上非常明显，但在砖红壤上对二者有效性影响差异不明显，原因是在强酸性的砖红壤中有机大分子物质与 Cu 形成的螯合物稳定性也会降低，对 Cu 的有效性影响明显减小。有机物对红壤中 Cu 和 Zn 有效性的影响与对石灰性土壤的影响基本一致，可能与随着配施鸡粪量的增加，红壤 pH 增加，酸性明显减弱有关（图 3-2）。可见土壤中重金属元素的生物有效性受多种因素的共同影响，而且影响的机理极其复杂。但由本研究结果可知，在酸性土壤特别是强酸性土壤中，重金属 Cu、Zn 元素的有效性高，且受有机物的影响小；而在碱性和石灰性土壤中，重金属 Cu、Zn 元素的有效性低；有机物对二者有效性的影响明显且不同，有机物质竞争结合 Cu 离子形成稳定的螯合物，降低了 Cu 的有效性，而有机物竞争结合 Zn 离子形成的螯合物稳定性差，反而有利于土壤中 Zn 的氢氧化物和碳酸盐沉淀的释放，提高了 Zn 的有效性。

3.2.4 污泥配施不同量鸡粪对小白菜生长的影响

3.2.4.1 对砖红壤小白菜生长的影响

城市污泥配施不同量鸡粪对砖红壤小白菜生长的影响如表 3-2 所示。由表 3-2 可知，砖红壤小白菜株高、根长、地上部和地下部干重的范围分别为 10.5 ~ 20.4 cm、10.9 ~ 15.4 cm、2.24 ~ 13.05 g/ 盆和 0.25 ~ 0.78 g/ 盆，且从不施污泥和鸡粪处理（CK）到施入城市污泥与随着鸡粪施入量增加，各指标均呈先增加后降低的变化趋势，各指标项均在 SM_{120} 处理达最大值。

表 3-2　城市污泥配施不同量鸡粪对砖红壤小白菜生长的影响

处理	株高 /cm	根长 /cm	地上部干重 /（g·盆⁻¹）	地下部干重 /（g·盆⁻¹）
CK	10.5 ± 0.78d	10.9 ± 1.08b	2.24 ± 0.09c	0.25 ± 0.03c
S	13.1 ± 0.48c	14.1 ± 1.41a	3.50 ± 1.00c	0.45 ± 0.03bc
SM_{60}	19.8 ± 0.85b	14.5 ± 0.83a	10.90 ± 1.56b	0.63 ± 0.13ab
SM_{120}	20.4 ± 0.71a	15.4 ± 0.86a	13.05 ± 0.82a	0.78 ± 0.09a
SM_{180}	19.0 ± 1.37b	11.5 ± 1.19b	11.23 ± 1.96ab	0.53 ± 0.03b

注：不同字母表示不同处理之间有统计学差异（$P < 0.05$）。

与 CK 相比，单施污泥（S）处理小白菜株高和根长分别显著增加 24.8% 和 30.2%，而地上部和地下部干重也均有所增加，但差异不显著。进而随着鸡粪的施入和增加，小白菜株高、根长、地上部和地下部干重较 CK 均有不同程度的增加，SM_{60} 处理分别增加了 88.90%、33.92%、387.70% 和 152.00%，SM_{120} 处理分别增加了 94.99%、42.21%、483.89% 和 212.00%，SM_{180} 处理分别增加了 81.00%、6.08%、402.24% 和 112.00%，除根长的 SM_{180} 处理外，其余各处理各指标均差异显著。

与 S 处理相比，SM_{60}、SM_{120}、SM_{180} 处理小白菜株高、地上部和地下部干重均不同程度增加，SM_{60} 处理较 S 处理分别增加了 51.17%、211.43% 和 40.00%，SM_{120} 处理较 S 处理分别增加了 56.04%、272.86% 和 73.33%，SM_{180} 处理较 S 处理分别增加了 44.84%、220.71% 和 17.78%。其中，除地下部干重的 SM_{60} 和 SM_{180} 处理外，其余各处理各指标均差异显著。SM_{60} 和 SM_{120} 处理小白菜根长较 S 处理也分别增加了 2.83% 和 9.20%，但差异不显著，SM_{180} 处理小白菜根长较 S 处理显著降低了 18.54%。

综上可知，单独施用城市污泥（S）或配施不同量鸡粪（SM_{60}、SM_{120}、SM_{180}）均可不同程度地增加砖红壤中小白菜的株高和生物量，但随着鸡粪施用量的增加，砖红壤中小白菜株高、地上部和地下部干重的增加量呈先增加后减少的趋势；而单独施用城市污泥（S）以及配施低、中量鸡粪（SM_{60}、SM_{120}）也一定程度上促进了小白菜根系生长，但高鸡粪配施量（SM_{180}）对小白菜根系生长产生了明显的抑制作用。可见，本试验在供试污泥施用量的基础上，配施中量鸡粪对砖红壤上小白菜的生长促进作用相对最佳，而配施高量鸡粪时对砖红壤上小白菜生长的促进作用减弱，甚至产生抑制作用，且对地下部的抑制作用明显大于对地上部。

2. 对红壤小白菜生长的影响

城市污泥配施不同量鸡粪对红壤小白菜生长的影响如表 3-3 所示。由表 3-3 可知，红壤小白菜株高、根长、地上部和地下部干重的范围分别为 7.1 ~ 16.8 cm、4.7 ~ 11.6 cm、1.33 ~ 8.20 g/ 盆和 0.11 ~ 0.53 g/ 盆。总体来看，从不施污泥和鸡粪处理（CK）到施入城市污泥与随着鸡粪施入量增加，小白菜的株高、根长、地上部和地下部干重均呈先增加后降低的趋势，根长为 S 处理相对最大，其余各指标项均为 SM_{60} 处理相对最大。

表3-3 城市污泥配施不同量鸡粪对红壤小白菜生长的影响

处理	株高 /cm	根长 /cm	地上部干重/($g \cdot$ 盆$^{-1}$)	地下部干重/($g \cdot$ 盆$^{-1}$)
CK	7.1 ± 0.58c	9.7 ± 0.51a	1.33 ± 0.18c	0.13 ± 0.03c
S	10.3 ± 0.84b	11.6 ± 0.42a	2.93 ± 0.22bc	0.18 ± 0.01bc
SM_{60}	16.8 ± 2.05a	10.8 ± 0.85a	8.20 ± 2.35a	0.53 ± 0.05a
SM_{120}	11.5 ± 1.34b	7.2 ± 1.24b	4.40 ± 0.78b	0.28 ± 0.09b
SM_{180}	7.64 ± 0.79c	4.70 ± 0.85c	2.50 ± 0.14c	0.11 ± 0.03c

注：不同字母表示不同处理之间有统计学差异（$P < 0.05$）。

与 CK 相比，单施污泥处理（S）小白菜株高显著增加了 45.12%，其余指标也均有所增加，但差异不显著。进而随着鸡粪的施入和增加，小白菜株高、地上部和地下部干重较 CK 均有不同程度的增加，SM_{60} 处理分别增加了 138.19%、515.54% 和 307.69%，SM_{120} 处理分别增加了 62.94%、230.83% 和 115.38%，SM_{180} 处理分别增加了 8.06%、87.97% 和 15.38%，且 SM_{60} 和 SM_{120} 处理各指标增加的差异显著，而 SM_{180} 处理各指标增加的差异不显著；小白菜根长 SM_{60} 处理较 CK 增加了 11.34%，但差异不显著，而 SM_{120} 和 SM_{180} 处理较 CK 分别显著降低了 25.77% 和 51.55%。

与 S 处理相比，SM_{60} 和 SM_{120} 处理小白菜株高、地上部和地下部干重均不同程度增加，SM_{60} 处理较 S 处理分别增加了 64.13%、179.86% 和 194.44%，SM_{120} 处理较 S 处理分别增加了 12.28%、50.17% 和 55.56%，但差异不显著，而 SM_{180} 处理较 S 处理分别降低了 25.54%、14.68% 和 38.89%，株高差异显著，地上部和地下部干重差异不显著；SM_{60}、SM_{120} 和 SM_{180} 处理小白菜根长较 S 处理分别降低了 6.90%、37.93 和 59.48%，SM_{60} 处理降低不显著，而 SM_{120} 和 SM_{180} 处理降低均显著。

综上可知，单独施用城市污泥（S）或配施不同量鸡粪（SM_{60}、

SM_{120}、SM_{180}）均可不同程度地增加红壤中小白菜的株高和生物量，但随着鸡粪施用量的增加，红壤中小白菜株高、地上部和地下部干重的增加量逐渐减小；而单独施用城市污泥（S）以及配施低量鸡粪（SM_{60}）也一定程度上促进了小白菜根系生长，但增加鸡粪配施量（SM_{120}、SM_{180}）对小白菜根系生长产生了明显的抑制作用。可见，本试验在供试污泥施用量以及配施低量鸡粪的条件下对红壤上小白菜的生长促进作用相对最佳，而配施高量鸡粪时对红壤上小白菜生长的促进作用减弱，甚至产生抑制作用，且对地下部的抑制作用明显大于对地上部。

3.2.4.3 对石灰性褐土小白菜生长的影响

城市污泥配施不同量鸡粪对石灰性褐土小白菜生长的影响如表3-4所示。由表3-4可知，石灰性褐土小白菜株高、根长、地上部和地下部干重的范围分别为 10.75 ～ 18.80 cm、8.80 ～ 14.80 cm、2.75 ～ 8.48 g/盆和0.23 ～ 0.58 g/盆。同样，从不施污泥和鸡粪处理（CK）到施入定量城市污泥和随着配施鸡粪量的增加，石灰性褐土中小白菜的株高、根长、地上部和地下部干重也呈先增加后降低的趋势，各生长指标均在 SM_{60} 处理时相对最大。

表3-4　城市污泥配施不同量鸡粪对石灰性褐土小白菜生长的影响

处理	株高 /cm	根长 /cm	地上部干重 / (g·盆$^{-1}$)	地下部干重 / (g·盆$^{-1}$)
CK	10.8 ± 0.63d	11.0 ± 0.39bc	2.75 ± 0.13c	0.23 ± 0.03c
S	14.5 ± 1.01c	13.5 ± 0.78ab	4.08 ± 0.17c	0.40 ± 0.03b
SM_{60}	18.8 ± 0.86a	14.8 ± 0.85a	8.48 ± 0.78a	0.58 ± 0.06a
SM_{120}	17.7 ± 0.94a	11.1 ± 0.74bc	7.65 ± 0.62a	0.38 ± 0.05b
SM_{180}	15.9 ± 1.01b	8.8 ± 0.47c	6.43 ± 0.46b	0.24 ± 0.03c

注：不同字母表示不同处理之间有统计学差异（$P < 0.05$）。

与 CK 相比，S 处理的株高、根长、地上部和地下部干重分别增加了 34.98%、22.73%、48.18% 和 73.91%，地上部干重、根长与 CK 差异不显著，而株高、地下部干重与 CK 差异显著。SM_{60} 处理的各生长指标较 CK 分别显著增加了 74.86%、34.55%、208.18% 和 152.17%；SM_{120} 处理的株高、地上部和地下部干重较 CK 分别显著增加了 64.60%、178.18% 和 65.22%，根长增加 0.73%，差异不显著；SM_{180} 处理的株高和地上部干重较 CK 分别显著增加了 47.95% 和 133.64%，地下部干重增加了 4.35%，差异不显著，而根长较 CK 下降了 20.00%，但差异不显著。

与 S 处理相比，SM_{60}、SM_{120}、SM_{180} 处理的小白菜株高和地上部干重分别显著增加了 29.55% 和 107.72%、22.95% 和 87.50%、9.61% 和 57.48%；SM_{60} 处理的小白菜根长增加了 9.63%，但差异不显著，而 SM_{120} 和 SM_{180} 处理的根长分别降低了 17.93% 和 34.81%，SM_{120} 处理差异不显著，而 SM_{180} 处理差异显著；SM_{60} 处理的小白菜地下部干重显著增加了 45.00%，SM_{120} 和 SM_{180} 处理小白菜地下部干重分别降低了 5.00% 和 40.00%，SM_{120} 处理差异不显著，SM_{180} 处理差异显著。

综上可知，石灰性褐土施入定量城市污泥以及配施不同量鸡粪均不同程度促进了小白菜的生长，但表现为对小白菜地上部生长（株高和地上部干重）的促进作用大于对地下部生长（根长和地下部干重）的促进作用。在施用定量城市污泥的基础上，增加鸡粪配施量对小白菜生长的促进作用减弱，表明在本试验条件下，在施用 18 g/kg 城市污泥的基础上，配施 120 g/kg 和 180 g/kg 鸡粪的施用量已超过供试土壤石灰性褐土种植小白菜的最适施用量，且对小白菜地下部生长的不良影响明显大于对地上部生长的影响。

3.2.4.4 对三种供试土壤小白菜生长影响的对比分析

由表 3-2 ～表 3-4 的分析结果可知，砖红壤、红壤及石灰性褐土小白菜的株高、根长、地上部和地下部干重均随着城市污泥定量施入和鸡粪配施量的增加总体上呈先增加后降低的趋势，但红壤和石灰性褐土中小白菜各生长指标均为 SM_{60} 处理相对最大，而砖红壤小白菜相应生长指标均为 SM_{120} 处理时最大。这一结果与三种土壤基础肥力高低有关，从土壤肥力因子有机质和氮、磷、钾养分含量来看，红壤和石灰性土壤均明显高于砖红壤（表3-1）。因此，红壤和石灰性土壤由于肥力较高，在施入18 g/kg污泥的基础上配施60 g/kg鸡粪（SM_{60} 处理）小白菜生长量就可达到相对最大，继续增加配施鸡粪量到120 g/kg（SM_{120} 处理）和180 g/kg（SM_{180} 处理）后小白菜生长量反而不同程度下降；而砖红壤肥力低下，在城市污泥施入量18 g/kg的基础上配施鸡粪量达到120 g/kg（SM_{120} 处理）时小白菜生长量才达到相对最大，同样继续增加配施鸡粪量到180 g/kg（SM_{180} 处理）后小白菜生长量也降低。而且，三种供试土壤中供试污泥配施过量鸡粪对小白菜地下部生长的影响均大于对地上部生长的影响，这一结果也符合作物根系生长（伸长）在低施肥量（甚至不施肥）的情况下好于高施肥量的一般规律。同时，砖红壤小白菜株高、根长、地上部和地下部干重的最大值分别为20.4 cm、15.4cm、13.05 g/盆、0.78 g/盆，而红壤和石灰性褐土中小白菜株高、根长、地上部干重的最大值分别为16.8 cm、11.6 cm、8.20 g/盆、0.53 g/盆和18.8 cm、14.8 cm、8.48 g/盆、0.58 g/盆，可见低肥力土壤施肥效果要明显好于高肥力土壤。

3.2.5　城市污泥配施不同量鸡粪对小白菜地上部 Cu、Zn 含量的影响

3.2.5.1 对砖红壤小白菜地上部分 Cu、Zn 含量的影响

城市污泥配施不同量鸡粪对砖红壤小白菜地上部分 Cu、Zn 含量的影响如图3-9所示。由图3-9可知，总体来看，砖红壤中小白菜地上

部分 Cu、Zn 含量呈现增加趋势，Cu、Zn 含量在 SM_{180} 处理时相对最大。

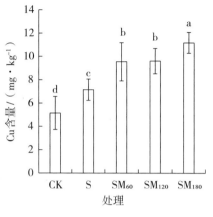

（a）Cu 含量

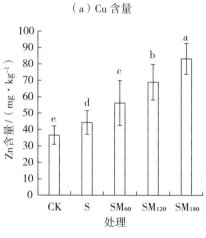

（b）Zn 含量

图 3-9　城市污泥配施不同量鸡粪对砖红壤小白菜地上部 Cu、Zn 含量的影响

注：不同字母表示不同处理之间有统计学差异（$P < 0.05$），误差棒表示平均值的标准误差。

与 CK 相比，小白菜 S、SM_{60}、SM_{120} 和 SM_{180} 处理 Cu 含量分别显著增加了 38.84%、85.44%、86.60% 和 117.09%；与 S 相比，小白菜 SM_{60}、SM_{120}、SM_{180} 处理 Cu 含量分别显著增加了 33.57%、34.41% 和 56.36%。但与 SM_{60} 处理相比，SM_{120} 处理增加量很小，变化不显著，

但 SM_{180} 处理又显著增加。

综上可知，砖红壤中单独施入城市污泥或配施鸡粪均显著增加了小白菜地上部分的 Cu、Zn 含量。这可能主要与土壤中有机质含量及土壤的酸碱性有关，在酸性条件下，土壤中 Cu、Zn 离子与有机大分子的结合能力大大减弱使得 Cu、Zn 有效态含量增加。

3.2.5.2 对红壤小白菜地上部分 Cu、Zn 含量的影响

城市污泥配施不同量鸡粪对红壤小白菜地上部分 Cu、Zn 含量的影响如图 3-10 所示。由图 3-10 可知，总体来看，红壤小白菜地上部分 Cu、Zn 含量呈先增加后降低的变化趋势，Cu、Zn 含量均在 SM_{60} 处理时相对最大。

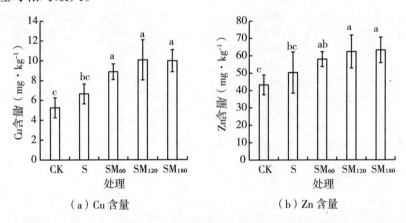

（a）Cu 含量　　　　　　　（b）Zn 含量

图 3-10　城市污泥配施不同量鸡粪对红壤小白菜地上部分 Cu、Zn 含量的影响

注：不同字母表示不同处理之间有统计学差异（$P < 0.05$），误差棒表示平均值的标准误差。

与 CK 相比，小白菜 S、SM_{60}、SM_{120} 和 SM_{180} 处理的 Cu 含量分别增加了 26.48%、69.14%、91.62% 和 89.90%，其中 S 处理与 CK 差异不显著，SM_{60}、SM_{120} 和 SM_{180} 处理与 CK 差异显著；小白菜 S、SM_{60}、SM_{120} 和 SM_{180} 处理的 Zn 含量分别增加了 16.25%、34.00%、43.98% 和 46.01%，SM_{60}、SM_{120} 和 SM_{180} 处理增加显著，S 处理增加不显著。

与 S 处理相比，SM_{60}、SM_{120}、SM_{180} 处理小白菜 Cu 含量分别显著增加了 33.73%、51.51% 和 50.15%；SM_{120} 和 SM_{180} 处理小白菜 Zn 含量分别显著增加了 24.00% 和 26.00%，SM_{60} 处理增加了 15.00%，且与 S 差异不显著。

综上可知，红壤中单独施入城市污泥不同程度地增加了小白菜地上部分的 Cu、Zn 含量，但差异均不显著。随着配施鸡粪量的增加，小白菜地上部分的 Cu 含量均呈先增加后降低的趋势，Zn 含量呈增加趋势，但均差异不显著。因为施入城市污泥与鸡粪，红壤 pH 逐渐增加，SM_{180} 处理 pH 为 7.62（图 3-2），且红壤中有机质含量高于砖红壤（表 3-1），在碱性条件下，土壤中 Cu 离子浓度减小幅度要大于 Zn 离子。

3.2.5.3 对石灰性褐土小白菜地上部分 Cu、Zn 含量的影响

城市污泥配施不同量鸡粪对石灰性褐土小白菜地上部分 Cu、Zn 含量的影响如图 3-11 所示。由图 3-11 可知，总体来看，石灰性褐土中小白菜地上部分 Cu、Zn 含量呈先增加后降低的变化趋势，Cu 在 SM_{60} 处理时相对最大，Zn 在 SM_{120} 处理时相对最大。

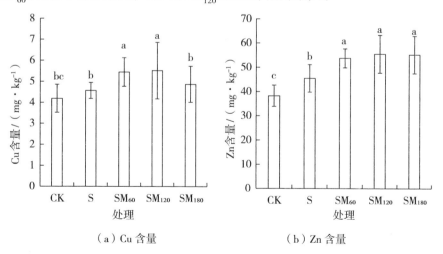

（a）Cu 含量　　　　　　　　（b）Zn 含量

图 3-11　城市污泥配施不同量鸡粪对石灰性褐土小白菜地上部分 Cu、Zn 含量的影响

注：不同字母表示不同处理之间有统计学差异（$P < 0.05$），误差棒表示平均值的标准误差。

与 CK 相比，小白菜地上部分 S、SM_{60}、SM_{120} 和 SM_{180} 处理 Cu 含量分别增加了 9.07%、30.07%、31.74% 和 16.23%，其中除 S 和 SM_{180} 处理增加不显著外，其余处理均差异显著；小白菜地上部分 S、SM_{60}、SM_{120} 和 SM_{180} 处理 Zn 含量分别显著增加了 18.88%、40.52%、45.05% 和 44.29%。

与 S 处理相比，小白菜地上部分 SM_{60}、SM_{120} 和 SM_{180} 处理 Cu 含量分别增加了 19.26%、20.79% 和 6.56%，但 SM_{180} 处理增加不显著；小白菜地上部分 SM_{60}、SM_{120} 和 SM_{180} 处理 Zn 含量分别显著增加了 18.21%、22.01% 和 21.38%。

综上可知，石灰性褐土中单独施入城市污泥能够增加小白菜地上部分 Cu、Zn 的含量，但 Cu 含量增加不显著，Zn 含量增加显著。随着配施鸡粪量的增加，小白菜地上部分 Cu、Zn 含量均呈先增加后降低的变化趋势，但 Cu 的增加量基本小于 Zn 的增加量，并且随着配施鸡粪量的增加，这种差异变大。这与前面所述的原因基本一致，在碱性条件下，随着有机质含量的增加，土壤中 Cu 离子浓度减小幅度远大于 Zn 离子。

3.2.5.4 对三种供试土壤小白菜地上部分 Cu、Zn 含量的影响对比

由图 3-9 ～图 3-11 的分析结果可知，砖红壤、红壤和石灰性褐土单施入城市污泥增加了小白菜地上部分 Cu、Zn 的含量。其中，除红壤中 Cu、Zn 含量及石灰性褐土中 Cu 增加不显著外，其余土壤和处理均显著增加。

随着配施鸡粪量的增加，除 Cu 的 SM_{60} 和 SM_{120} 处理差异不显著外，砖红壤上小白菜中 Cu、Zn 含量呈显著增加趋势；红壤小白菜中 Cu 含量呈现先增加后降低的趋势，Zn 含量呈增加趋势，但差异均不显著；石灰性褐土小白菜中 Cu、Zn 含量也呈现先增加后降低的趋势，且 Cu 的 SM_{180} 处理降低显著，Zn 的降低不显著。这说明随着土壤 pH

的增加，砖红壤、红壤和石灰性土壤中小白菜地上部分 Cu、Zn 含量有降低趋势，但有效态 Cu 降低的幅度要大于有效态 Zn。这是土壤 pH 与有机质共同作用的结果。

3.2.6　对小白菜地上部分 Cu、Zn 富集的影响

重金属 Cu、Zn 在小白菜体内的富集程度直接影响小白菜的品质，进而影响人体健康。通过富集系数公式，可以计算出施用污泥与不同量鸡粪时，砖红壤、红壤和石灰性褐土中小白菜地上部分重金属 Cu、Zn 的富集情况。

3.2.6.1　对砖红壤小白菜 Cu、Zn 富集系数的影响

城市污泥配施不同量鸡粪对砖红壤小白菜 Cu、Zn 富集系数的影响如图 3-12 所示。由图 3-12 可知，总体来看，砖红壤中小白菜地上部分 Cu、Zn 的富集系数呈现先增加后降低的趋势。其中，Cu 的富集系数在 S 处理时相对最大（为 0.51），SM_{180} 处理相对最小（为 0.14），且富集系数均小于 1。与 CK 相比，S 处理 Cu 的富集系数增加了 27.50%，SM_{60}、SM_{120} 和 SM_{180} 处理分别降低了 10.50%、49.25% 和 66.25%。其中，除 SM_{60} 处理外，其余处理差异均显著；与 S 相比，SM_{60}、SM_{120} 和 SM_{180} 处理 Cu 的富集系数分别显著降低了 29.80%、60.20% 和 73.53%。砖红壤中小白菜地上部分 Zn 的富集系数在 S 处理时相对最大（为 0.52），SM_{180} 处理相对最小（为 0.28）。与 CK 相比，S 处理 Zn 的富集系数增加了 1.96%，但差异不显著；SM_{60}、SM_{120} 和 SM_{180} 处理分别降低了 5.88%、35.29% 和 45.49%，SM_{60} 处理差异不显著，SM_{120}、SM_{180} 处理差异显著；与 S 处理相比，SM_{60}、SM_{120}、SM_{180} 处理 Zn 的富集系数分别降低了 7.69%、36.54% 和 46.54%，其中 SM_{60} 处理差异不显著，SM_{120}、SM_{180} 处理差异显著。

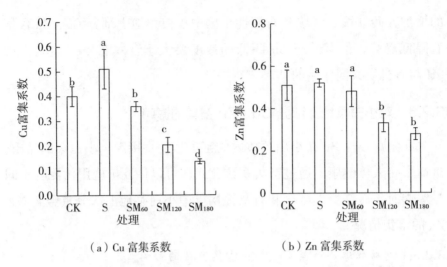

（a）Cu 富集系数　　　　　　　（b）Zn 富集系数

图 3-12　城市污泥配施不同量鸡粪对砖红壤小白菜 Cu、Zn 富集系数的影响

注: 不同字母表示不同处理之间有统计学差异（$P < 0.05$），误差棒表示平均值的标准误差。

综上可知，砖红壤中单施入城市污泥增加了小白菜 Cu、Zn 的富集，其中 Cu 的富集系数差异显著，Zn 的富集系数差异不显著。与单施入城市污泥相比，将城市污泥与不同量鸡粪配施到砖红壤中后，随着鸡粪配施量的增加，除 Zn 的 SM60 处理外，Cu、Zn 富集系数均显著降低。这说明城市污泥与鸡粪协同施用，能够降低砖红壤中 Cu、Zn 的富集。

3.2.6.2 对红壤中小白菜 Cu、Zn 富集系数的影响

城市污泥配施不同量鸡粪对红壤小白菜 Cu、Zn 富集系数的影响如图 3-13 所示。由图 3-13 可知，总体来看，红壤中小白菜地上部分 Cu、Zn 的富集系数呈先增加后降低的趋势。其中，Cu 的富集系数在 SM120 处理时取得最大值（为 0.20），CK 处理时取得最小值（为 0.11），富集系数均小于 1。与 CK 相比，S、SM60、SM120、SM180 处理 Cu 的富集系数分别增加 27.27%、63.64%、81.82% 和 27.27%，其中 SM120 处理差异显著，其余处理差异均不显著；与 S 处理相比，SM60、SM120 处理 Cu 的富集系数分别增加了 28.57% 和 42.86%，SM180 处理无变化。

Zn 的富集系数在 S 处理时取得最大值（为 0.54），SM_{180} 处理时取得最小值（为 0.31）。与 CK 相比，S 处理 Zn 的富集系数增加了 5.88%，SM_{60}、SM_{120} 和 SM_{180} 处理分别降低了 5.88%、21.57% 和 39.22%，其中 SM_{120}、SM_{180} 处理差异显著，其余处理差异均不显著；与 S 处理相比，SM_{60}、SM_{120} 和 SM_{180} 处理 Zn 的富集系数分别降低了 11.11%、25.93% 和 42.59%，除 SM_{120} 处理外，其余处理差异均显著。

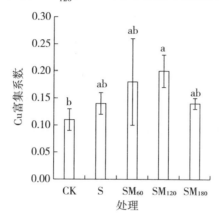

（a）Cu 富集系数

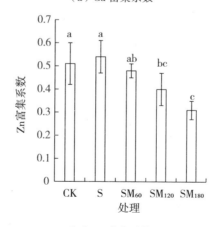

（b）Zn 富集系数

图 3-13　城市污泥配施不同量鸡粪对红壤小白菜 Cu、Zn 富集系数的影响

注：不同字母表示不同处理之间有统计学差异（$P < 0.05$），误差棒表示平均值的标准误差。

综上可知，红壤中单施入城市污泥，Cu、Zn的富集系数均增加，但差异均不显著，说明单施入城市污泥对红壤中Cu、Zn的富集无显著影响。与单施入城市污泥相比，将城市污泥与不同量鸡粪施用到红壤中，随着鸡粪施用量的增加，Cu的富集系数呈先增加后降低的趋势，增加量随鸡粪施用量的增加而降低，各处理差异均不显著；Zn的富集系数减小，除SM_{60}处理外，各处理均差异显著。这说明施入城市污泥与不同量鸡粪能够降低红壤中Zn的富集，城市污泥配施低、中量鸡粪增加了Cu的富集，配施高量鸡粪Cu的富集无变化。

3.2.6.3 对石灰性褐土中小白菜Cu、Zn富集系数的影响

城市污泥配施不同量鸡粪对石灰性褐土小白菜Cu、Zn富集系数的影响如图3-14所示。由图3-14可知，总体来看，石灰性褐土中小白菜地上部分Cu、Zn的富集系数呈先增加后降低的趋势，Cu的富集系数在SM_{120}处理时取得最大值（为0.22），Zn的富集系数在SM_{60}处理时取得最大值（为0.55），富集系数均小于1。

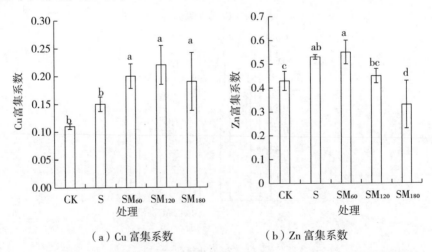

（a）Cu富集系数　　　　（b）Zn富集系数

图3-14　城市污泥配施不同量鸡粪对石灰性褐土上小白菜Cu、Zn富集系数的影响

注：不同字母表示不同处理之间有统计学差异（$P < 0.05$），误差棒表示平均值的标准误差。

与 CK 相比，S、SM_{60}、SM_{120} 和 SM_{180} 处理 Cu 的富集系数分别增加了 36.36%、81.82%、100.00% 和 72.73%，除 S 处理外，其余各处理差异均显著；与 S 处理相比，SM_{60}、SM_{120} 和 SM_{180} 处理 Cu 的富集系数分别显著增加了 33.33%、46.67% 和 26.67%。

石灰性褐土中小白菜地上部分 Zn 的富集系数在 SM_{60} 处理时取得最大值（为 0.55），SM_{180} 处理时取得最小值（为 0.33）。与 CK 相比，S、SM_{60} 和 SM_{120} 处理 Zn 的富集系数分别增加了 23.26%、27.91% 和 4.65%，其中除 SM_{120} 处理外，其余处理均差异显著，SM_{180} 处理显著减少了 23.26%；与 S 处理相比，SM_{60} 处理 Zn 的富集系数增加了 3.77%，SM_{120}、SM_{180} 处理分别降低了 15.09% 和 37.74%，除 SM_{180} 处理外，其余处理差异均不显著。

综上可知，石灰性褐土中单施入城市污泥，小白菜中 Cu、Zn 的富集系数均增加不显著，说明单施入城市污泥对石灰性褐土小白菜 Cu、Zn 富集系数无显著影响。与单施入城市污泥的 S 处理相比，将城市污泥与不同量鸡粪配施到石灰性褐土中，随着鸡粪施用量的增加，各处理 Cu 的富集系数显著增加，但呈先增加后降低的趋势，SM_{180} 处理 Cu 的富集系数小于 SM_{60}、SM_{120} 处理，但差异不显著。这说明石灰性褐土中施入城市污泥与不同量鸡粪增加了小白菜 Cu 的富集，但配施高量鸡粪（SM_{180} 处理）与配施低、中量（SM_{60}、SM_{120} 处理）相比，小白菜中 Cu 的富集系数降低，但差异不显著。小白菜中 Zn 富集系数随鸡粪配施量的增加呈先增加后降低的趋势，与单施入城市污泥的 S 处理相比，配施中、高量鸡粪（SM_{120}、SM_{180} 处理）可以降低小白菜中 Zn 的富集，尤其配施高量鸡粪的降低作用显著，这说明石灰性褐土中施入城市污泥与高量鸡粪能够降低小白菜中 Zn 的富集。

3.2.6.4 对三种供试土壤中小白菜 Cu、Zn 富集系数影响的对比分析

由图 3-12 ～图 3-14 的分析结果可知，将城市污泥单独施入砖红壤、红壤及石灰性褐土的小白菜盆栽中，与 CK 相比，均不同程度增加了小白菜中 Cu、Zn 的富集系数。其中，除砖红壤小白菜中 Cu 的富集系数和石灰性褐土小白菜中 Zn 的富集系数差异显著外，其余均差异不显著。

与单施入城市污泥的 S 处理相比，砖红壤中小白菜 SM_{60}、SM_{120} 和 SM_{180} 处理 Cu 的富集系数依次显著降低，红壤和石灰性褐土小白菜 Cu 的富集系数呈先增加后降低的趋势，且红壤小白菜 Cu 的富集系数各处理均增加不显著，而石灰性褐土小白菜 Cu 的富集系数各处理均显著增加。与单施入城市污泥的 S 处理相比，砖红壤、红壤小白菜中各处理 Zn 的富集系数均降低，除 SM_{60} 处理外，其余各处理均差异显著，石灰性褐土 SM_{120}、SM_{180} 处理 Zn 的富集系数均降低，且 SM_{180} 处理差异显著。

所以，小白菜中 Cu、Zn 的富集受到土壤 pH 和土壤有机质含量的双重影响，随着土壤 pH 和有机质的增加，小白菜中 Cu 的富集作用增加，但高量有机质可以降低其增加量，虽然差异不显著；而除石灰性褐土 SM_{60} 处理外，其余各土壤各处理小白菜 Zn 的富集作用均随配施鸡粪量的增加而降低。

3.3 讨论与结论

3.3.1 讨论

3.3.1.1 对小白菜的影响

（1）对小白菜生长的影响。砖红壤、红壤及石灰性褐土中小白菜的株高、根长、地上部和地下部干重随城市污泥定量施入和鸡粪配施量的增加总体上均呈先增加后降低的趋势，但红壤和石灰性褐土中小白菜各生长指标均在 SM_{60} 处理时取得最大值，而砖红壤中小白菜相应生长指标均在 SM_{120} 处理时取得最大值。这说明城市污泥和鸡粪对小白菜产量的促进作用并非随着鸡粪施用量的增加而增加。城市污泥和鸡粪中含有植物所需要的养分元素及有机质，所以能够促进作物的生长发育，但是养分元素的增加会对小白菜根系的吸收产生一定的影响。李印霞等（2020）的研究表明，酸处理后的污泥对菠菜生长有明显的促进作用。康少杰等（2011）的研究表明，污泥施用量为 5 ～ 8 g·kg[-1] 时可以显著提高油菜产量。金燕等（2002）的盆栽和小区试验表明，污泥复合肥可显著提高蔬菜产量。翟丽梅等（2010）的盆栽试验研究表明，生活污泥和磷肥混施能够显著提高白菜的产量。杨丽标等（2009）的盆栽试验表明，生活污泥单施以及生活污泥和尿素混施，能够使芹菜（*Apium graveolens*）的产量提高 15% 左右。石博文（2016）的研究表明，10% ～ 20% 鸡粪添加量最有利于番茄生长。吴清清等（2010）的研究表明，鸡粪能够显著增加苋菜的株高、根长和生物量。

城市污泥中虽然含有大量作物所需要的养分元素和有机质，但其中也有对作物有害的重金属、病原体、有机污染物等物质，会对作物生长以及产量产生消极作用，而禽畜粪中含有抗氧化剂、霉菌抑制剂和抗生素等有机物质，不当施用会对土壤产生不良影响，从而抑制作物生长。研究表明污泥施用量大于10%时，青菜发芽率有不同程度的降低，当污泥堆肥施用量大于20%时，青菜生物量呈下降趋势；青椒的根、茎、叶、果实的干重均随污泥堆肥施用量增加呈先增后减的趋势；秋葵产量随有机肥施入量的增加呈先增后减的趋势；随着Zn浓度增加，鸡粪处理下小白菜株高、鲜重、根长呈降低趋势；较高的污泥施用量和重金属含量会对植物的生长产生抑制甚至毒害作用。

综上可知，城市污泥与不同量鸡粪施入盆栽小白菜中，鸡粪的施用量并非越多越对小白菜生长有益，相反会由于城市污泥和鸡粪中的有害物质对小白菜生长产生抑制作用。而且，在不同酸碱性的土壤中，小白菜最大生物量所对应的鸡粪施用量不同，红壤和石灰性褐土对鸡粪施入量比砖红壤要敏感，在农业活动中要密切关注不同类型土壤的施肥情况，要因地施肥，不可一概而论。同时，要在农用施肥的过程中注意二者的施用量，避免其中的有害物质对作物和环境产生危害。

（2）对小白菜地上部分Cu、Zn含量的影响。砖红壤中单独施入城市污泥或配施鸡粪均显著增加了小白菜地上部分Cu、Zn的含量。红壤中单独施入城市污泥不同程度地增加了小白菜地上部分的Cu、Zn含量，但差异均不显著（$P < 0.05$），随着鸡粪配施量的增加，小白菜地上部分的Cu含量呈现先增加后降低的趋势，Zn含量呈增加趋势，但均差异不显著。石灰性褐土中单独施入城市污泥能够增加小白菜地上部分Cu、Zn的含量，但Cu含量增加不显著（$P < 0.05$），Zn含量增加显著。随着鸡粪配施量的增加，小白菜地上部分Cu、Zn含

量均呈先增加后降低的变化趋势，但 Cu 的增加量基本小于 Zn 的增加量，并且随着配施鸡粪量的增加，这种差异变大。

众多研究表明，土壤中施入鸡粪，作物中 Cu、Zn 含量有增有减。例如，姚丽贤等（2007）的盆栽试验表明，施用鸡粪能显著提高通菜 Cu、Zn 的含量及吸收量。吴清清等的盆栽试验表明，潮土中施用鸡粪有机肥能增加苋菜植株 Cu 和 Zn 的含量。王美、李书田（2014）的研究表明，施用鸡粪有机肥能够提高作物可食部位 Cu、Zn、Cd、Pb 的含量。王璐等（2020）的野外田间试验表明，添加鸡粪可以降低植物体内 Cd、Cu、Pb、Zn 的含量。张艺腾等（2018）的研究表明，鸡粪生物炭施入土壤能够减少植物对 Cu、Zn 的吸收。刘维涛、周启星（2010）的研究表明，施入鸡粪能够显著降低盆栽上大白菜地上部 Cd、Pb 的含量。徐万强等（2017）将鸡粪与磷矿粉组合施入土壤，发现小白菜地上部 Pb 和 Cd 的含量明显降低。这主要是各土壤中有机质及 pH 共同影响下的结果。将城市污泥与鸡粪施入三种土壤中，虽然增加了砖红壤和红壤的 pH，降低了石灰性褐土的 pH，但砖红壤各处理平均 pH 小于 7，红壤 SM_{60}、SM_{120} 和 SM_{180} 处理 pH 大于 7，石灰性褐土各处理 pH 均大于 7.5。研究表明，在酸性土壤中或 pH 下降时，重金属有效性增加；在碱性土壤中或 pH 上升时，重金属有效性下降，且随着有机质含量的增加，土壤中 Cu 离子浓度减小幅度远大于 Zn 离子，因为 Cu 和有机大分子物质形成的螯合物比 Zn 稳定得多。

（3）对小白菜地土部分 Cu、Zn 富集的影响。试验结果显示，与单施入城市污泥的 S 处理相比，砖红壤中小白菜 SM_{60}、SM_{120} 和 SM_{180} 处理 Cu 的富集系数依次显著降低；红壤和石灰性褐土小白菜 Cu 的富集系数呈先增加后降低的趋势，且红壤小白菜 Cu 的富集系数各处理均增加不显著，而石灰性褐土小白菜 Cu 的富集系数各处理均显著增加。与单施入城市污泥的 S 处理相比，砖红壤、红壤小白菜中各处理

Zn 的富集系数均降低，除 SM_{60} 处理外，其余各处理均差异显著；石灰性褐土 SM_{120}、SM_{180} 处理 Zn 的富集系数均降低，且 SM_{180} 处理差异显著。张妍等的研究显示，碱性土壤中施入鸡粪后，小白菜中 Cu 的富集系数增加了 36.4%，Zn 的富集系数减小了 147.4%。也有研究显示，土壤呈碱性状态，且有机质含量较高时，土壤中的 Cu 基本以可溶态形式存在，这样便增加了 Cu 的生物有效性，同时增加小白菜对 Cu 的吸收，富集系数随之增加。因为城市污泥与鸡粪中含有大量有机质，有机质通过物理吸附作用以及化学络合（螯合）作用，降低了 Zn 的生物有效性。但是因为土壤 pH 及其有机质以及城市污泥和鸡粪自身性特点的影响，小白菜地上部分对 Cu、Zn 的吸收富集机理还需要今后做进一步研究。

3.3.1.2 对土壤的影响

（1）土壤有机质及 pH 的影响。因为城市污泥和鸡粪中含有大量有机质，施入三种土壤中会不同程度地增加其中有机质的含量。很多研究显示，加入城市污泥或鸡粪均会增加土壤有机质含量。本试验表明将城市污泥与鸡粪协同施入三种土壤后，有机质含量均不同程度地增加。

试验所用污泥和鸡粪的 pH 分别呈中性和碱性，而砖红壤、红壤的 pH 呈酸性，石灰性褐土的 pH 呈碱性，所以将城市污泥与鸡粪施入上述三种土壤后，它们的 pH 均发生了改变，两种酸性土壤的 pH 升高，而石灰性褐土的 pH 显著降低。

研究显示，土壤中施用畜禽粪便有机肥后，酸性土壤 pH 升高，而石灰性土壤 pH 降低。这是因为鸡粪和城市污泥的 pH 较高，施入 pH 较低的砖红壤和红壤后，使得两种土壤 pH 升高。另外，城市污泥和鸡粪的施入，会增加土壤中盐基离子的含量，这些离子溶解并释放后会增加土壤溶液的离子浓度以及阳离子交换量，从而提高土壤 pH。

也有研究显示，施入鸡粪增加了砖红壤和红壤中硝态氮的含量，使得小白菜根系分泌出氢氧根离子（OH⁻）或碳酸氢根离子（HCO_3^-），从而使小白菜根系 pH 升高。

城市污泥和鸡粪施入石灰性褐土后，其 pH 显著降低，这是因为城市污泥和鸡粪中的有机物在土壤微生物的作用下分解代谢产生了小分子有机酸。陈同斌、陈志军（1998）的研究也显示，溶解性有机质可使酸性土壤的 pH 升高，使碱性土壤的 pH 降低。这与本试验研究结果相近。

（2）对土壤 Cu、Zn 全含量的影响。本试验研究表明，将城市污泥与不同量鸡粪混合施入砖红壤、红壤及石灰性褐土的小白菜盆栽后，随着鸡粪施用量的增加，三种土壤中 Cu、Zn 全量均呈增加趋势。

随着污泥堆肥施用量的增加，盆栽小白菜红壤中 Cu、Zn、Cd 和 Pb 含量呈积累趋势；石灰性土壤中 Hg、Zn、Cu、Pb 和 Cd 的含量与污泥施加量之间呈显著正相关。黑土中重金属 Cu、Zn、Cd、Pb 含量随着污泥堆肥施入量的增加逐渐增加；施用污泥堆肥可显著提高滩涂土壤中 Zn、Cu 和 Pb 重金属的含量。但徐轶群等（2016）的研究显示，施用 20% 左右的污泥能有效降低土壤中重金属的含量。也有盆栽试验表明，施用 30% 污泥堆肥能降低赤红壤重金属含量；施用高量鸡粪和猪粪处理的土壤总 Cu、总 Zn 出现累积；施入红壤和潮土中一定量的鸡粪，两类土壤的 Cu、Cd、Cr 和 Pb 含量显著增加；施用鸡粪能够显著增加土壤中 Cu、Zn、Cr 含量；随着鸡粪用量的增加，土壤 Cu、Zn、Cr、Pb、Cd 含量均有明显增加。王福山（2012）的盆栽试验表明，施入鸡粪，土壤中 Cu、Zn 含量显著增加。王美、李书田的研究表明，施用鸡粪能够提高土壤 Cu、Zn、Pb、Cd 含量。郝慧娟等（2019）的田间试验表明，随着施入鸡粪量的增加，土壤中重金属 Pb、Cd、Cr、As、Hg、Cu、Zn、Ni 积累增加。

本试验将城市污泥与鸡粪协同施入三种土壤中，结果显示，随着鸡粪施用量的增加，三种土壤中 Cu、Zn 总含量均显著增加。

（3）对土壤 Cu、Zn 有效态含量的影响。本试验研究表明，随城市污泥定量施入和鸡粪配施量的增加，与 CK 和 S 处理相比，砖红壤有效态 Cu、Zn 含量呈显著增加趋势，红壤及石灰性褐土有效态 Cu 含量呈先增加后降低的变化趋势，且变化显著，有效态 Zn 含量呈显著增加趋势。红壤有效态 Cu 含量在 SM_{120} 处理时相对最大，石灰性褐土有效态 Cu 在 SM_{60} 处理时相对最大，且石灰性褐土有效态 Cu 含量从 SM_{60} 到 SM_{180} 依次显著降低。

这与三种土壤的 pH 大小和土壤有机质含量有关，从 pH 的大小来看，石灰性褐土 > 红壤 > 砖红壤，有机质含量为红壤 > 石灰性褐土 > 砖红壤（表 3-1）。由于土壤中有效态 Cu、Zn 的含量会同时受到土壤 pH 和有机质的影响，随着 pH 的升高，土壤中离子交换态的 Cu 离子减少，使得土壤中有效态 Cu 含量降低。Yin 等研究表明，施用菜籽饼粕等有机物料降低了土壤可溶性重金属含量。宋琳琳等（2012）、铁梅等（2013）的研究也表明施用污泥能降低土壤中 Pb 的活性。有研究表明，城市污泥还可以降低黄土壤中 Cd 和 Cu 的活性。

3.3.2　结论

3.3.2.1　对小白菜生长的影响

将城市污泥与不同量鸡粪施入砖红壤、红壤及石灰性褐土的小白菜盆栽中，总体来看，三种土壤中小白菜的株高、根长和地上部 / 地下部干重均呈先增加后降低的趋势。红壤和石灰性褐土的最佳施肥处理是城市污泥 + 低量鸡粪（SM_{60}）处理，砖红壤最佳施肥处理是城市污泥 + 中量鸡粪（SM_{120}）处理。城市污泥 + 高量鸡粪（SM_{180}）处理对三种土壤中小白菜根的生长发育产生抑制作用。三种土壤中小白菜生长和生物量由大到小为砖红壤＞石灰性褐土＞红壤。

3.3.2.2 对三种土壤中小白菜地上部分 Cu、Zn 含量的影响

砖红壤中单独施入城市污泥或配施鸡粪均显著增加了小白菜地上部分 Cu、Zn 含量。红壤中单独施入城市污泥不同程度地增加了小白菜地上部分的 Cu、Zn 含量，但差异均不显著（$P < 0.05$）；随着鸡粪配施量的增加，小白菜地上部分的 Cu 含量呈先增加后降低的趋势，Zn 含量呈增加趋势，但均差异不显著。石灰性褐土中单独施入城市污泥能够增加小白菜地上部分 Cu、Zn 的含量，但 Cu 含量增加不显著（$P < 0.05$），Zn 含量增加显著。随着鸡粪配施量的增加，小白菜地上部分 Cu、Zn 含量均呈先增加后降低的变化趋势，但 Cu 的增加量基本小于 Zn 的增加量，并且随着配施鸡粪量的增加，这种差异变大。

3.3.2.3 对三种土壤小白菜 Cu、Zn 富集的影响

小白菜 Cu、Zn 的富集受到城市污泥与鸡粪的配比、土壤 pH 和土壤有机质含量的影响。随着土壤 pH 和有机质的增加，小白菜 Cu 的富集作用增加；而除石灰性褐土 SM_{60} 处理外，其余各土壤各处理小白菜 Zn 的富集作用均随着配施鸡粪量的增加而降低，且 Cu、Zn 两者的富集系数均小于 1。

3.3.2.4 对不同土壤有机质及 pH 的影响

城市污泥配施不同量鸡粪使砖红壤、红壤和石灰性褐土中有机质含量均显著增加，其有机质增幅大小为红壤＞石灰性褐土＞砖红壤；城市污泥配施鸡粪也使砖红壤和红壤的 pH 显著增加，石灰性褐土的 pH 显著减小。

3.3.2.5 对不同土壤重金属 Cu、Zn 含量的影响

将城市污泥与不同量鸡粪混合施入砖红壤、红壤及石灰性褐土的

小白菜盆栽中，总体来看，三种土壤中 Cu、Zn 含量均呈增加趋势。砖红壤、红壤和石灰性褐土中单施入城市污泥均能够增加其中 Cu、Zn 的含量，除红壤中 Cu 含量增加不显著外，其余均显著增加。与单施入城市污泥相比，随着鸡粪施用量的增加，三种土壤中 Cu、Zn 含量均随之显著增加。因为城市污泥和鸡粪中含有重金属 Cu 和 Zn，所以三种土壤中 Cu、Zn 含量随着定量城市污泥配施鸡粪量的增加而增加，但均未超过《土壤环境质量 农用地土壤污染风险管控标准（试行）》（GB 15618—2018）中的标准值。

3.3.2.6 对不同土壤有效态 Cu、Zn 含量的影响

随城市污泥定量施入和鸡粪配施量的增加，与 CK 和 S 处理相比，砖红壤有效态 Cu、Zn 含量呈显著增加趋势，红壤及石灰性褐土有效态 Cu 含量呈先增加后降低的变化趋势，且变化显著，有效态 Zn 含量呈显著增加趋势。但红壤有效态 Cu 含量在 SM_{120} 处理时相对最大，石灰性褐土有效态 Cu 在 SM_{60} 处理时相对最大，且石灰性褐土有效态 Cu 含量从 SM_{60} 到 SM_{180} 依次显著降低。

第4章　城市污泥配施不同量鸡粪对石灰性褐土及苗期玉米的影响

4.1 材料与方法

4.1.1 供试材料

4.1.1.1 供试作物及盆钵

本试验选择 Zn 敏感植物玉米（*Zea mays* L.）作为供试作物，品种为大丰 30 号，试验用盆钵规格为直径 30 cm 和高 26 cm 的塑料盆。

4.1.1.2 供试土壤

本盆栽试验所用土壤为山西农业大学试验站农田石灰性褐土，其有关理化性质如表 4-1 所示。

表 4-1 供试土壤有关理化性质

供试材料	铜（Cu）/ (mg·kg⁻¹)	锌（Zn）/ (mg·kg⁻¹)	全氮 （N）/%	有效磷 （P）/ (mg·kg⁻¹)	速效钾 （K）/ (mg·kg⁻¹)	有机质 /%	pH
石灰性褐土	25.86	57.50	0.11	12.36	131.70	1.41	8.31

4.1.1.3 供试污泥

供试污泥同 "3.1.1" 中供试污泥，其有关性质如表 3-1 所示。

4.1.1.4 供试鸡粪

供试鸡粪同 "3.1.1" 中供试鸡粪，其有关性质如表 3-1 所示。

4.1.2　试验设计与实施

试验设 5 个处理：

处理 1：不施污泥，不施鸡粪（对照 CK）；

处理 2：施污泥 18 g/kg，不施鸡粪（S）；

处理 3：施污泥 18 g/kg，施鸡粪 60 g/kg（SM_{60}）；

处理 4：施污泥 18 g/kg，施鸡粪 120 g/kg（SM_{120}）；

处理 5：施污泥 18 g/kg，施鸡粪 180 g/kg（SM_{180}）。

4 次重复，5 个处理，共计 60 盆。

本试验于 2016 年 3 月 10 日至 9 月 15 日在山西农业大学资源环境学院实验站日光温室中进行，试验每盆装供试土壤 5 kg，按试验设计，除处理 1 不施污泥和鸡粪外，其余处理按 18 g/kg 施入供试污泥和不同数量的供试鸡粪。污泥和鸡粪均一次性基施，与土壤充分混匀后浇自来水到田间持水量的 70%，随机放置于大棚中稳定 2 d，播种供试玉米种子，出苗后定植 10 株，连续种植三茬，每茬玉米生长到拔节前结束，收取玉米幼苗和采集土壤样品，种植第二茬和第三茬前不再施入污泥和鸡粪，三茬玉米生长期间每隔 2 d 浇一次自来水，每次每盆浇等量水 500 mL 左右。整个试验于 2016 年 9 月 15 日结束。

三茬玉米苗期试验结束后，均按地上部和地下部分别收取玉米幼苗。具体步骤如下：将盆栽土完全倒出，把供试作物全部整株收集起来，要保证作物的完整性，将玉米植株轻轻地用蒸馏水冲洗干净后用滤纸吸干净附着在玉米幼苗上的水分，用卷尺测量每株玉米幼苗的株高和主根长，而后将玉米幼苗地上部和地下部剪切分开，用分析天平分别称量其地上部和地下部鲜重。之后，将样品按不同处理的地上部和地下部分别装入牛皮纸袋后放入烘箱内，在 105 ℃ 下杀青 30 min，而后控制烘箱温度为 70 ℃ 烘干直至恒重，称量地上部和地下部干重后，用玛瑙研钵研碎过 1 mm 筛，进行重金属 Cu、Zn 含量以及养分含量的测定。

每茬收集完玉米植株后，将倒在牛皮纸上的盆栽土全部充分混匀，用四分法留取约 400 g 土样，其余土壤装回原盆种植下茬玉米。将留取土样放置在室内干净通风处风干，分别取部分土样过 1 mm 和 0.149 mm 的尼龙筛，用于土壤中 Cu、Zn 全量和有效态含量及其他基本性质的测定。

4.1.3　测定项目与方法

土壤、污泥和鸡粪 pH、重金属、全氮、有效磷、有效钾、有机质测定方法、苗期玉米生长指标、重金属 Cu、Zn 的测定方法以及质量控制方法与"3.1.3"相同。

4.1.4　计算方法

苗期玉米对重金属 Cu、Zn 的富集系数和转运系数的计算方法同"3.1.4"中的计算方法。

4.1.5　数据处理

本试验所有数据均采用 SPSS 软件进行方差分析和多重比较（PLSD 检验 – 标记字母法），并运用 Excel 2016 对原始数据进行相关处理和图表绘制（图中的数据均用平均值与标准偏差表示）。

4.2 结果与分析

4.2.1 城市污泥配施不同量鸡粪对玉米苗期石灰性褐土重金属Cu、Zn含量的影响

4.2.1.1 对三茬玉米苗期石灰性褐土Cu、Zn全量的影响

城市污泥配施不同量鸡粪对三茬玉米苗期石灰性褐土全Cu、Zn含量的影响如图4-1和图4-2所示。由图4-1和图4-2可知，与CK相比，第一、二、三茬苗期玉米石灰性褐土中全Cu、全Zn含量均随鸡粪施用量的增加而显著增加。

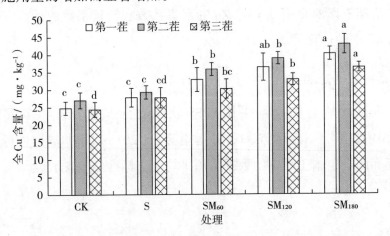

图4-1 城市污泥配施不同量鸡粪对三茬玉米苗期石灰性褐土全Cu含量的影响

注：不同字母表示不同处理之间有统计学差异（$P < 0.05$），误差棒表示平均值的标准误差。

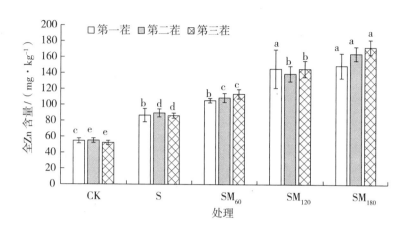

图 4-2 城市污泥配施不同量鸡粪对三茬玉米苗期石灰性褐土全 Zn 含量的影响

注：不同字母表示不同处理之间有统计学差异（$P < 0.05$），误差棒表示平均值的标准误差。

第一茬苗期玉米石灰性褐土中全 Cu、全 Zn 含量范围分别为 24.8～40.2 mg/kg 和 54.7～149.4 mg/kg；与 CK 相比，S 处理全 Cu、全 Zn 含量分别增加了 12.1% 和 58.7%；与仅施入城市污泥的 S 处理相比，施入定量城市污泥和最高量鸡粪的 SM_{180} 处理全 Cu、全 Zn 含量分别增加了 44.6% 和 72.1%。第二茬苗期玉米石灰性褐土中全 Cu、全 Zn 含量范围分别为 27.0～42.9 mg/kg 和 55.1～164.5 mg/kg。与 CK 相比，S 处理全 Cu、全 Zn 含量分别增加了 8.5% 和 62.6%，与 S 处理相比，施入鸡粪最高量的 SM_{180} 处理全 Cu、全 Zn 含量分别增加了 46.4% 和 83.6%。第三茬苗期玉米石灰性褐土全 Cu、全 Zn 含量范围分别为 24.4～36.3 mg/kg 和 52.3～172.6 mg/kg。与 CK 相比，S 处理全 Cu、全 Zn 含量分别增加了 13.5% 和 65.0%；与 S 处理相比，施入鸡粪最高量的 SM_{180} 处理全 Cu、全 Zn 含量分别增加了 31.0% 和 100%。

从三茬苗期玉米石灰褐土中 Cu 含量来看，第二茬各处理 Cu 含量均高于第一茬，第三茬除 S 处理与第一茬持平外，其余 4 个处理 Cu

含量均小于第一、第二茬。这说明随着种植茬数的增加，玉米苗期石灰性褐土中 Cu 的积累量减少，有一部分 Cu 通过生物富集迁移作用转移到作物体内。从 Zn 含量来看，与第一茬 Zn 含量相比，除 SM_{120} 处理外，第二茬其余各处理 Zn 含量均高于第一茬，尤其 SM_{180} 处理比第一茬高 10.1%。第三茬 CK 处理、S 处理的 Zn 含量略小于第一、第二茬，SM_{60} 和 SM_{180} 处理的 Zn 含量高于第一、第二茬，SM_{120} 处理略低于第一茬，高于第二茬。总体来看，随着种植茬数的增加，玉米苗期石灰性褐土中 Zn 的累积量有增加趋势。所以，在农业施肥过程中要考虑城市污泥和鸡粪中的重金属随种植茬数增加而加大重金属 Cu 迁移到作物的现象，同时要关注土壤中积累过多的 Zn 而对土壤造成污染的风险。

综上所述，与 CK 和 S 处理相比，三茬苗期玉米石灰性褐土中的全 Cu、全 Zn 含量均随着鸡粪施用量的增加显著增加，但远低于国家土壤二级标准。重金属是不易降解的污染物，易在土壤中积累，一旦重金属含量超过土壤生态环境可承受范围，就会对土壤动植物产生伤害，并且通过食物链的富集作用威胁人类和动物的健康安全。常量下，Cu 和 Zn 对动植物和人体来说是有益元素，但过量会对生物和人体产生严重危害。

4.2.1.2 对三茬玉米苗期石灰性褐土有效态 Cu、Zn 含量的影响

城市污泥配施不同量鸡粪对三茬玉米苗期石灰性褐土有效态 Cu、Zn 含量的影响如图 4-3 和图 4-4 所示。由图 4-3 和图 4-4 可知，与 CK 相比，三茬苗期玉米石灰性褐土中有效态 Cu、Zn 含量均随鸡粪施用量的增加而呈现先增加后降低的趋势，且在均 SM_{60} 处理时相对最大。

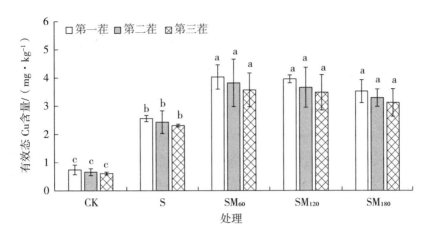

图 4-3　城市污泥配施不同量鸡粪对三茬玉米苗期石灰性褐土有效态 Cu 含量的影响

注：不同字母表示不同处理之间有统计学差异（$P < 0.05$），误差棒表示平均值的标准误差。

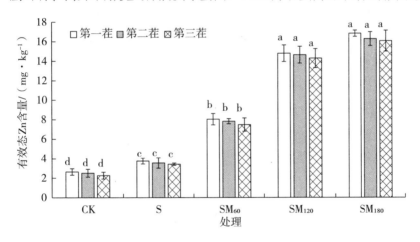

图 4-4　城市污泥配施不同量鸡粪对三茬玉米苗期石灰性褐土中有效态 Zn 含量的影响

注：不同字母表示不同处理之间有统计学差异（$P < 0.05$），误差棒表示平均值的标准误差。

第一茬玉米苗期石灰性褐土有效态 Cu 含量为 0.74 ~ 4.03 mg/kg，有效态 Zn 含量为 2.64 ~ 16.82 mg/kg。与 CK 相比，S 处理的土壤有效态 Cu 和有效态 Zn 含量分别增加了 245.95% 和 42.05%；与仅施入供试污泥的 S 处理相比，施入定量供试污泥和配施最高量鸡粪的 SM_{180} 处理

的土壤有效态 Cu 和有效态 Zn 含量分别增加了 37.50% 和 348.53%。第二茬玉米苗期石灰性褐土有效态 Cu 含量为 0.66 ～ 3.82 mg/kg，有效态 Zn 含量为 2.51 ～ 16.27 mg/kg。与 CK 相比，S 处理的土壤有效态 Cu 和有效态 Zn 含量分别增加了 268.18% 和 41.43%；与 S 处理相比，配施鸡粪最高量的 SM$_{180}$ 处理的土壤有效态 Cu 和有效态 Zn 含量分别增加了 35.39% 和 358.31%。第三茬玉米苗期石灰性褐土有效态 Cu 含量为 0.61 ～ 3.57 mg/kg，有效态 Zn 含量为 2.26 ～ 16.06 mg/kg。与 CK 相比，S 处理的土壤有效态 Cu 和有效态 Zn 含量分别增加了 278.69% 和 51.33%；与 S 处理相比，配施鸡粪最高量的 SM$_{180}$ 处理的土壤有效态 Cu 和有效态 Zn 含量分别增加了 35.06% 和 369.59%。

从三茬玉米苗期石灰性褐土有效态 Cu 和有效态 Zn 含量来看，从第一茬到第三茬，各处理均依次降低，但降低不显著，可能与三茬种植间隔时间较短有关。随着种植茬数的增加，玉米苗期石灰性褐土中有效态 Cu 和有效态 Zn 的积累量与总量一样呈降低趋势，有一部分有效态 Cu 与有效态 Zn 迁移到作物体内。但各茬各处理有效态 Cu 含量均随着鸡粪施用量的增加而降低，高鸡粪量处理降低显著；有效态 Zn 含量则随鸡粪施用量的增加而增加，但中、高鸡粪处理之间差异不显著。这与盆栽小白菜试验中石灰性褐土中有效态 Cu、有效态 Zn 含量的变化趋势基本一致。这说明碱性条件下，随着有机质含量的增加，有效态 Cu 含量降低，而有效态 Zn 含量增加。

总体来看，三茬苗期玉米石灰性褐土中的有效态 Cu 含量随着鸡粪施用量的增加而降低，有效态 Zn 含量则随着鸡粪施用量的增加而增加，与 CK 和 S 处理相比均显著增加，但远低于《土壤环境质量 农用地土壤污染风险管控标准（试行）》（GB 15618—2018）中的标准值。随着种植茬数的增加，玉米苗期石灰性褐土中有效态 Cu 迁移到作物的风险加大，同时有效态 Zn 的累积量有增加趋势，且重金属具有不易降解的特性，因此在农业施肥过程中要密切关注肥料、土壤以及作物中的重金属造成的环境风险。

4.2.2　城市污泥配施不同量鸡粪对玉米苗期生长的影响

城市污泥配施不同量鸡粪对第一茬玉米幼苗株高、根长、地上部干重和地下部干重的影响如表 4-2 所示。由表 4-2 可知，各处理玉米幼苗株高、根长、地上部和地下部干重变化范围分别为 41.3 ～ 100.3 cm、38.2 ～ 113.9 cm、4.50 ～ 31.65 g/ 盆和 3.70 ～ 15.43 g/ 盆。

表 4-2　城市污泥配施不同量鸡粪对第一茬玉米苗期生长的影响

处理	株高 /cm	根长 /cm	地上部干重 /（g·盆$^{-1}$）	地下部干重 /（g·盆$^{-1}$）
CK	41.3 ± 0.82b	38.2 ± 0.85c	4.50 ± 0.08c	3.70 ± 0.12c
S	55.0 ± 2.70b	100.7 ± 5.61a	10.85 ± 0.71bc	9.95 ± 0.54b
SM$_{60}$	100.3 ± 6.46a	113.9 ± 2.77a	31.65 ± 5.53a	15.43 ± 2.27a
SM$_{120}$	83.4 ± 7.91a	79.7 ± 10.78b	21.78 ± 4.70ab	9.25 ± 1.63b
SM$_{180}$	81.0 ± 9.68a	78.9 ± 5.32b	21.53 ± 3.06ab	8.33 ± 0.74b

注：不同字母表示不同处理之间有统计学差异（$P < 0.05$）。

与 CK 处理相比，S、SM$_{60}$、SM$_{120}$ 和 SM$_{180}$ 处理的株高分别增加了 33.28%、143.10%、102.13% 和 96.24%，S 处理差异不显著，其余处理差异显著；根长分别显著增加了 163.27%、197.80%、108.42% 和 106.33%；地上部干重分别增加了 141.11%、603.33%、384.00% 和 378.44%，S 处理差异不显著，其余处理差异显著；地下部干重分别显著增加了 168.92%、317.03%、150.00% 和 125.14%。

与 S 处理相比，SM$_{60}$、SM$_{120}$ 和 SM$_{180}$ 处理的株高分别显著增加了 82.39%、51.66% 和 47.24%；根长分别增加了 13.11%、减小了 20.84% 和 21.63%，SM$_{60}$ 处理差异不显著，其余处理差异显著；地上

部干重分别增加了 191.71%、100.74% 和 98.43%，SM_{60} 处理差异显著，其余处理差异不显著；地下部干重分别增加了 55.08%、减少了 7.04% 和 16.28%，SM_{60} 处理差异显著，其余处理差异不显著。

从变化趋势来看，依 CK、S、SM_{60}、SM_{120}、SM_{180} 的处理顺序，玉米幼苗株高、根长、地上部干重和地下部干重均呈先增加后降低的变化趋势，且各指标均以 SM_{60} 处理相对最大，分别为 100.3 cm、113.9 cm、31.65 g/ 盆和 15.43 g/ 盆，与 CK 相比分别增加了 143.10%、197.80%、603.33% 和 317.03%； 与 S 相 比 分 别 增 加 了 82.4%、190.8%、13.1% 和 54%。但随着配施鸡粪量进一步增加到 SM_{120} 和 SM_{180} 处理，玉米幼苗地上部和地下部的生长均呈下降趋势，且根长和地下部干重均较 SM_{60} 处理显著降低。这同样表明过量配施鸡粪对玉米幼苗生长有不利影响，且对地下部生长的影响大于对地上部的影响，与第 3 章供试污泥配施鸡粪对小白菜生长的影响趋势相一致。

城市污泥配施不同量鸡粪处理对第二茬玉米幼苗株高、根长、地上部干重和地下部干重的影响如表 4-3 所示。由表 4-3 可知，各处理第二茬玉米幼苗株高、根长、地上部和地下部干重变化范围分别为 36.8 ~ 59.0 cm、33.6 ~ 63.6 cm、3.60 ~ 16.83 g/ 盆和 3.25 ~ 6.73 g/ 盆。

表 4-3　城市污泥配施不同量鸡粪对第二茬苗期玉米生长的影响

处理	株高 /cm	根长 /cm	地上部干重 /(g·盆$^{-1}$)	地下部干重 /(g·盆$^{-1}$)
CK	36.8 ± 0.73c	33.6 ± 0.92c	3.60 ± 0.12c	3.25 ± 0.13b
S	47.1 ± 0.68b	63.6 ± 1.33a	6.85 ± 0.12bc	6.58 ± 0.31a
SM_{60}	52.5 ± 3.11ab	56.1 ± 4.57b	12.70 ± 1.51b	6.73 ± 0.73a
SM_{120}	59.0 ± 4.03a	34.6 ± 0.52c	16.83 ± 2.32a	5.93 ± 0.92a
SM_{180}	48.6 ± 1.54b	22.0 ± 0.93d	11.15 ± 1.08b	4.35 ± 0.24b

注：不同字母表示不同处理之间有统计学差异（$P < 0.05$）。

与 CK 处理（未施入城市污泥和鸡粪）相比，S、SM_{60}、SM_{120} 和 SM_{180} 处理的株高分别显著增加了 27.92%、42.60%、60.41% 和 32.14%；根长分别增加了 89.34%、66.91%、2.98% 和减小了 34.54%，SM_{120} 处理差异不显著，其余处理差异显著；地上部干重分别增加了 90.28%、252.78%、367.50% 和 209.72%，S 处理差异不显著，其余处理差异显著；地下部干重分别增加了 102.46%、107.08%、82.46% 和 33.85%，SM_{180} 处理差异不显著，其余处理差异显著。

与 S 处理相比，SM_{60}、SM_{120} 和 SM_{180} 处理的株高分别增加了 11.47%、25.40 和 3.29%，SM_{120} 处理差异显著，其余处理差异不显著；根长分别显著减小了 11.84%、45.61% 和 65.43%；地上部干重分别显著增加了 85.40%、145.69% 和 62.77%；地下部干重分别增加了 2.28%、减少了 9.88% 和 33.89%，SM_{180} 处理差异显著，其余处理差异不显著。

从变化趋势来看，依 CK、S、SM_{60}、SM_{120}、SM_{180} 的处理顺序，玉米幼苗株高、根长、地上部干重和地下部干重均呈先升高后降低的变化趋势，株高和地上部干重均在 SM_{120} 处理时相对最大，分别为 59.0 cm 和 16.83 g/kg，比 CK 处理分别增加了 60.41% 和 367.50%，比 S 处理分别增加了 25.40% 和 145.69%；根长在 S 处理时相对最大，为 63.6 cm，比 CK 处理增加 89.34%；地下部干重在 SM_{60} 处理时相对最大，为 6.73 g/盆，比 CK 和 S 处理分别增加了 107.08% 和 2.28%。这同样表明过量配施鸡粪对玉米幼苗生长有不利影响，且对地下部生长的影响大于对地上部生长的影响。

城市污泥配施不同量鸡粪处理对第三茬玉米幼苗株高、根长、地上部和地下部干重的影响如表 4-4 所示。由表 4-4 可知，第三茬玉米幼苗各处理株高、根长、地上部干重和地下部干重变化范围分别为 30.3 ～ 61.4 cm、14.5 ～ 34.5 cm、2.33 ～ 11.28 g/盆 和 1.78 ～ 4.23 g/盆。

表 4-4　施入鸡粪和城市污泥对第三茬苗期玉米生长的影响

处理	株高 /cm	根长 /cm	地上部干重/(g·盆$^{-1}$)	地下部干重/(g·盆$^{-1}$)
CK	30.3 ± 0.74d	27.2 ± 0.63b	2.33 ± 0.13c	1.78 ± 0.11c
S	38.9 ± 1.21c	34.5 ± 1.32a	2.55 ± 0.12c	1.85 ± 0.14c
SM_{60}	61.4 ± 4.04a	34.0 ± 2.10a	11.28 ± 1.86a	4.23 ± 0.38a
SM_{120}	55.4 ± 3.01a	23.7 ± 3.27b	10.23 ± 0.69a	3.43 ± 0.22b
SM_{180}	47.2 ± 2.64b	14.5 ± 1.11c	7.03 ± 0.93b	2.83 ± 0.23b

注：不同字母表示不同处理之间有统计学差异（$P < 0.05$）。

与 CK 处理相比，S、SM_{60}、SM_{120} 和 SM_{180} 处理的株高分别显著增加了 28.38%、102.74%、82.67% 和 55.78%；S 和 SM_{60} 处理的根长分别增加了 26.75% 和 25.09%，SM_{120} 和 SM_{180} 处理的根长分别减小了 12.88% 和 46.65%，SM_{120} 处理差异不显著，其余处理差异显著；地上部干重分别增加了 9.44%、384.12%、339.06% 和 201.72%，S 处理差异不显著，其余处理差异显著；地下部干重分别增加了 3.93%、137.64%、92.70% 和 58.99%，S 处理差异不显著，其余处理差异显著。

与 S 处理相比，SM_{60}、SM_{120} 和 SM_{180} 处理的株高分别显著增加了 57.92%、42.29% 和 21.34%，根长分别减小了 1.31%、31.26% 和 57.91%，SM_{60} 处理差异不显著，其余处理差异显著；地上部干重分别显著增加了 342.35%、301.18% 和 175.69%，地下部干重分别显著增加了 128.65%、85.41% 和 52.97%。

从各指标变化趋势来看，依 CK、S、SM_{60}、SM_{120}、SM_{180} 处理顺序，玉米幼苗株高、根长、地上部干重和地下部干重均呈先增加后降低的变化趋势。株高和地上部干重在 SM_{60} 处理时相对最大，分别为 61.43 cm 和 11.28 g/盆，比 CK 和 S 处理分别增加了 102.74%、57.92% 和 384.12%、342.35%；根长与第二茬类似，也在 S 处理时相对最大，为 34.45 cm，比 CK 增加了 26.74%；地下部干重在 SM_{60} 处理时相对最大，为 4.23 g/ 盆，比 CK 和 S 处理分别增加了 137.64% 和 128.65%。

　　综上所述，定量城市污泥配施不同量鸡粪对石灰性褐土连续三茬玉米苗期生长的影响趋势基本一致，但对第二茬和第三茬玉米苗期株高、地上部干重的促进作用均比第一茬有所减小，符合施肥后效果逐渐降低的一般规律。而且，定量城市污泥配施不同量鸡粪对三茬玉米幼苗生长的促进作用随着鸡粪配施量的增加有先增加而后逐渐降低的变化趋势，同时对地下部生长的不良影响大于对地上部生长的影响。

4.2.3　对玉米幼苗重金属 Cu、Zn 含量的影响

4.2.3.1　对第一茬玉米幼苗 Cu、Zn 含量的影响

　　第一茬地上部和地下部 Cu 含量范围分别为 2.89 ～ 8.99 mg/kg 和 8.77 ～ 25.74 mg/kg（图 4-5）。从图 4-5 可以看出，第一茬苗期玉米地上部和地下部 Cu 含量呈先增加后降低的趋势，且分别在 S 和 SM_{60} 处理时达最大值，为 8.99 mg/kg 和 25.74 mg/kg。与 CK 相比，地上部和地下部 Cu 含量各处理均显著增加，其中 S 处理和 SM_{60} 处理分别增加了 211.1% 和 193.5%。与 S 处理相比，地上部 SM_{60}、SM_{120} 和 SM_{180} 处理 Cu 含量分别降低了 16.8%、21.6% 和 23.2%，其中 SM_{180} 处理降低显著；地下部 SM_{60} 和 SM_{120} 处理 Cu 含量分别增加了 85.8% 和 11.3%，SM_{180} 处理则降低了 22.9%，其中 SM_{60} 和 SM_{180} 变化显著，SM_{120} 变化不显著。

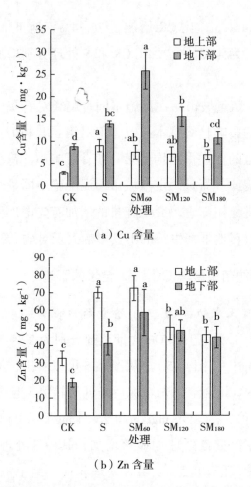

（a）Cu 含量

（b）Zn 含量

图 4-5 城市污泥配施不同量鸡粪对第一茬玉米幼苗地上部和地下部 Cu、Zn 含量的影响

注：不同字母表示不同处理之间有统计学差异（$P < 0.05$），误差棒表示平均值的标准误差。

综上可知，苗期玉米各处理地下部 Cu 含量均高于地上部。从 Cu 含量变化趋势来看，施入城市污泥和低量鸡粪对苗期玉米地上部和地下部 Cu 含量影响的差异较大，对地下部的影响大于地上部，并且随着鸡粪施用量的增加，SM_{60} 处理地下部 Cu 含量迅速增加，到 SM_{180} 处理出现显著降低情况，说明施入城市污泥和高量鸡粪可以降低玉米苗期地下部 Cu 的含量；与地下部相比，地上部 SM_{60} 处理 Cu 含量变化幅度相对较小，SM_{120} 和 SM_{180} 处理变化幅度均高于地下部，但与 S 相比，SM_{180} 处理地上部和地下部 Cu 含量均降低，并且降低的幅度差异较小。这说明施入城市污泥与低、中量鸡粪可以促进苗期玉米根部对 Cu 的吸收累积，同时减小地上部对 Cu 的吸收累积；而施入城市污泥与高量鸡粪可以显著降低苗期玉米地上部和地下部的 Cu 含量。

第一茬地上部和地下部 Zn 含量范围分别为 32.7 ～ 72.49 mg/kg 和 18.73 ～ 58.55 mg/kg。从图 4-5 可以看出，第一茬苗期玉米地上部和地下部 Zn 含量呈先增加后降低的趋势，且均在 SM_{60} 处理达最大值，分别为 72.49 mg/kg 和 58.55 mg/kg。与 CK 相比，地上部和地下部各处理 Zn 含量均显著增加，其中 SM_{60} 处理地上部和地下部 Zn 含量分别增加了 212.6% 和 121.7%。与 S 处理相比，地上部 SM_{60} 处理 Zn 含量增加了 3.4%，SM_{120} 与 SM_{180} 处理分别减少了 28.5% 和 34.6%，其中 SM_{60} 处理增加不显著，SM_{120}、SM_{180} 处理 Zn 含量降低不显著；地下部 SM_{60}、SM_{120} 和 SM_{180} 处理 Zn 含量分别增加了 42.3%、17.4% 和 8.1%，其中 SM_{60} 和 SM_{120} 处理增加显著，SM_{180} 处理增加不显著。

综上可知，第一茬苗期玉米各处理地上部 Zn 含量均高于地下部。从 Zn 含量变化趋势来看，单施入城市污泥显著增加了苗期玉米地上部和地下部的 Zn 含量。与单施入城市污泥的 S 相比，SM_{60}、SM_{120}、SM_{180} 处理地下部 Zn 含量均增加，其中 SM_{180} 处理增加不显著；SM_{120}、SM_{180} 处理显著降低了地上部 Zn 含量。

4.2.3.2 对第二茬玉米幼苗 Cu、Zn 含量的影响

第二茬地上部、地下部 Cu 含量范围分别为 1.93 ～ 8.83 mg/kg 和 7.86 ～ 34.08 mg/kg（图 4-6）。从图 4-6 可以看出，第二茬苗期玉米地上部 Cu 含量小于地下部，说明与地上部茎叶相比，重金属 Cu 更容易累积在苗期玉米的根部。总体来看，地上部和地下部 Cu 含量呈

先增加后降低的趋势，且分别在 SM_{60} 和 S 处理达最大值，为 8.83 mg/kg 和 34.08 mg/kg。与 CK 相比，地上部和地下部 Cu 含量各处理均显著增加，其中 SM_{60} 处理和 S 处理分别增加了 357.5% 和 333.6%。与 S 处理相比，地上部 SM_{60}、SM_{120} 和 SM_{180} 处理 Cu 含量分别增加了 33.6%、15.0% 和 8.3%，其中 SM_{60} 处理增加显著，SM_{120}、SM_{180} 处理增加不显著；地下部 SM_{60}、SM_{120} 和 SM_{180} 处理 Cu 含量分别降低了 29.6%、52.5% 和 66.5%，降低均显著。这说明施入城市污泥与鸡粪能够显著降低第二茬苗期玉米地下部 Cu 的含量，并且随着鸡粪施用量的增加，这种降低作用增强；同时，施入城市污泥与鸡粪能够增加第二茬苗期玉米地上部 Cu 的含量，但随着鸡粪施用量的增加，这种增加作用呈减小趋势。由此可知，施入城市污泥和鸡粪对苗期玉米根部 Cu 的吸收积累的影响要大于其地上部的茎叶。第二茬地上部和地下部 Zn 含量范围分别为 20.09 ～ 66.66 mg/kg 和 29.26 ～ 80.91 mg/kg。从图 4-6 可以看出，第二茬苗期玉米地上部和地下部 Zn 含量呈先增加后降低的趋势，与第一茬变化趋势一致，且均在 S 处理达最大值，分别为 66.66 mg/kg 和 80.91 mg/kg。与 CK 相比，地上部和地下部各处理 Zn 含量均显著增加，其中 S 处理地上部和地下部 Zn 含量分别增加了 231.8% 和 176.5%，SM_{60} 处理地上部和地下部 Zn 含量分别增加了 174.7% 和 139.6%，与 S 处理相比，地上部 SM_{60}、SM_{120} 与 SM_{180} 处理 Zn 含量分别降低了 17.2%、35.3% 和 42.1%，地下部 SM_{60}、SM_{120} 和 SM_{180} 处理 Zn 含量分别降低了 12.7%、38.0% 和 44.5%，地上部和地下部 Zn 含量均降低显著。

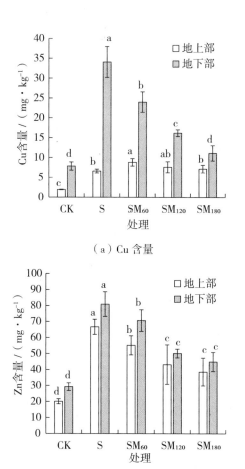

（a）Cu 含量

（b）Zn 含量

图 4-6 城市污泥配施不同量鸡粪对第二茬玉米幼苗地上部和地下部 Cu、Zn 含量的影响

注：不同字母表示不同处理之间有统计学差异（$P < 0.05$），误差棒表示平均值的标准误差。

综上可知，从第二茬苗期玉米地上部和地下部 Zn 含量变化趋势来看，单施入城市污泥仍显著增加了其地上部和地下部 Zn 的含量。与单施入城市污泥的 S 处理相比，施入城市污泥和不同量鸡粪均显著降低了第二茬苗期玉米地上部和地下部 Zn 含量。但与地下部相比，施入城市污泥和低量鸡粪对其地上部 Zn 含量降低幅度较大，同时施入城市污泥和中、高量鸡粪对地上部 Zn 含量降低幅度较小。这说明施入城市污泥与高量鸡粪更能降低第二茬苗期玉米茎叶和根对 Zn 的吸收积累，而且对根的降低作用较茎叶大。

4.2.3.3 对第三茬玉米幼苗 Cu、Zn 含量的影响

第三茬地上部和地下部 Cu 含量范围分别为 1.70 ～ 8.89 mg/kg 和 6.42 ～ 44.96 mg/kg（图 4-7）。从图 4-7 可以看出，第三茬苗期玉米地上部 Cu 含量仍小于地下部，说明与地上部茎叶相比，重金属 Cu 更容易累积在第三茬苗期玉米的根部。总体来看，第三茬苗期玉米地上部和地下部 Cu 含量呈先增加后降低的趋势，且分别在 SM_{60} 和 S 处理达最大值，为 8.89 mg/kg 和 44.96 mg/kg。与 CK 相比，除地下部 SM_{180} 处理 Cu 含量增加不显著外，其余各处理均显著增加，其中地上部和地下部 Cu 含量最大的 SM_{60} 处理和 S 处理分别增加了 422.9% 和 600.3%，地下部 SM_{60} 处理 Cu 含量增加了 266.7%。与 S 处理相比，地上部 SM_{60} 处理 Cu 含量增加了 9.1%，SM_{120} 和 SM_{180} 处理 Cu 含量分别降低了 2.7% 和 16.0%，变化均不显著，地下部 SM_{60}、SM_{120} 和 SM_{180} 处理 Cu 含量分别降低了 47.6%、53.3% 和 70.5%，降低均显著。这说明施入城市污泥与鸡粪能够显著降低第三茬苗期玉米地下部 Cu 的含量，并且随着鸡粪施用量的增加，降低的幅度增加；同时，施入城市污泥与鸡粪对第三茬苗期玉米地上部 Cu 含量的影响不显著，但随着鸡粪施用量的增加，降低幅度也在增加。由此可知，施入城市污泥和鸡粪对第三茬苗期玉米根部 Cu 的吸收积累的影响要大于其地上部的茎叶。

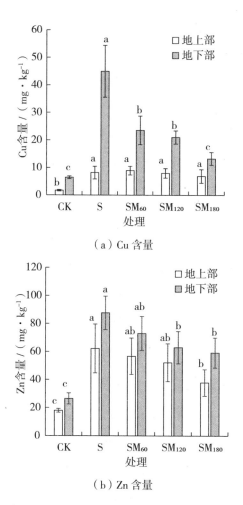

（a）Cu 含量

（b）Zn 含量

图 4-7　城市污泥配施不同量鸡粪对第三茬玉米幼苗地上部和地下部 Cu、Zn
含量的影响

注：不同字母表示不同处理之间有统计学差异（$P < 0.05$），误差棒表示平均值的标准误差。

　　第三茬地上部和地下部 Zn 含量范围分别为 17.96 ～ 62.23 mg/kg 和 26.45 ～ 87.61 mg/kg（图 4-7）。从图 4-7 可以看出，第三茬苗期玉米地上部和地下部 Zn 含量呈先增加后降低的趋势，且均在 S 处理达最大值，分别为 62.23 mg/kg 和 87.61 mg/kg。与 CK 相比，地上部和地下部各处理 Zn 含量均显著增加，其中地上部和地下部 Zn 含量最大的 S 处理分别增加了 246.5% 和 231.2%，SM_{60} 处理 Zn 含量分别增加了 216.0% 和 175.8%。与 S 处理相比，地上部 SM_{60}、SM_{120} 与 SM_{180} 处理 Zn 含量分别降低了 8.8%、16.1% 和 39.2%，其中 SM_{60}、SM_{120} 处理降低不显著，SM_{180} 处理 Zn 含量降低显著；地下部 SM_{60}、SM_{120} 和 SM_{180} 处理分别降低了 16.7%、28.1% 和 32.4%，其中 SM_{60} 处理 Zn 含量降低不显著，$SM1_{20}$、SM_{180} 处理 Zn 含量降低显著。

从第三茬苗期玉米地上部和地下部 Zn 含量变化趋势来看，单施入城市污泥仍显著增加了其地上部和地下部 Zn 含量。与单施入城市污泥的 S 处理相比，施入城市污泥和不同量鸡粪均降低了第三茬苗期玉米地上部和地下部 Zn 含量，其中施入城市污泥与高量鸡粪能显著降低苗期玉米地上部 Zn 含量，施入城市污泥中、高量鸡粪能显著降低苗期玉米地下部 Zn 含量。总体来讲，施入城市污泥与不同量鸡粪能够降低第三茬苗期玉米地上部和地下部 Zn 含量。

4.2.4 对玉米苗期重金属 Cu、Zn 富积迁移的影响

4.2.4.1 对三茬苗期玉米重金属富集迁移作用的影响

城市污泥配施不同量鸡粪对三茬苗期玉米 Cu、Zn 富集系数与转运系数的影响如图 4-8 和图 4-9 所示。由图 4-8 和图 4-9 可知，与 S 相比，第一、第二、第三茬苗期玉米对 Cu 和 Zn 的富集系数均随着鸡粪施用量的增加而降低，其中 Cu 的富集系数分别下降 29.6%、40.1% 和 46.9%，Zn 的富集系数分别下降 50%、51% 和 50%。这说明三茬苗期玉米对 Cu 和 Zn 富集能力均随着鸡粪施用量的增加而减小。与 S 相比，第一、第二、第三茬苗期玉米 Cu 的转运系数随着鸡粪施用量的增加而增加，Zn 的转运系数随鸡粪施用量的增加而减小。其中，除第一茬苗期玉米 Cu 的转运系数减小 0.3% 外，第二、第三茬苗期玉米 Cu 的转运系数随着鸡粪施用量的增加分别增加 45% 和 33%，Zn

的转运系数随着鸡粪施用量的增加分别降低了 70%、15% 和 8%。

同时，苗期玉米将 Cu 从根系运输到地上部分的能力随着鸡粪有机肥施用量的增加而增大，但对 Zn 的转运能力随着鸡粪有机肥施用量的增加而减小。这是因为作物的根部比地上部分更容易积累 Zn。而且，随着种植茬数的增加，苗期玉米从根系运输 Cu 和 Zn 到地上部分的能力随着鸡粪有机肥施用量的增加而下降。这是因为随着种植茬数的增加，土壤中重金属浓度降低，对作物的影响也会越来越小。

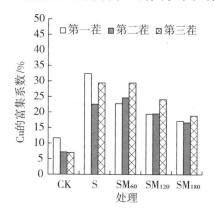

（a）Cu 的富集系数

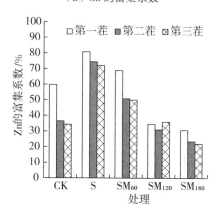

（b）Zn 的富集系数

图 4-8 城市污泥配施不同量鸡粪对三茬苗期玉米 Cu、Zn 富集系数的影响

注：不同字母表示不同处理之间有统计学差异（$P < 0.05$），误差棒表示平均值的标准误差。

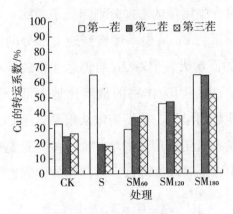

（a）Cu 的转运系数

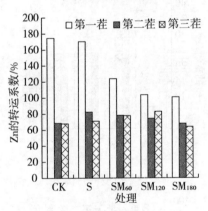

（b）Zn 的转运系数

图 4-9　城市污泥配施不同量鸡粪对三茬苗期玉米 Cu、Zn 转运系数的影响

注：不同字母表示不同处理之间有统计学差异（$P < 0.05$），误差棒表示平均值的标准误差。

4.2.4.2 对三茬玉米苗期 Zn/Cu 值的影响

　　植物各部分 Zn/Cu 值变化及其相对于土壤中重金属含量比值的改变，可表征植物对 Cu 、Zn 富集和转运的差异。

　　三茬土壤苗期玉米地上部和地下部 Zn/Cu 值与城市污泥及鸡粪施用量的关系如图 4-10 所示。由图 4-10 可知，虽然三茬苗期玉米土壤和地下部 Zn/Cu 值均随鸡粪施用量的增加而呈增加趋势，但增加的幅度较小。其中，三茬土壤 CK 处理（无污泥无鸡粪）Zn/Cu 值分别为 2.2、2.0 和 2.1，S 处理（施污泥无鸡粪）的 Zn/Cu 值分别为 3.13、3.06 和 3.12，SM_{180} 处理（鸡粪施用量最大的处理）的 Zn/Cu 值分别为 3.7、3.8 和 4.8；而三茬地下部 CK 处理（无污泥无鸡粪）Zn/Cu 值分别为 2.1、3.7 和 4.1，S 处理（施污泥无鸡粪）的 Zn/Cu 值分别为 3.0、2.4 和 1.9，SM_{180} 处理（鸡粪施用量最大的处理）的 Zn/Cu 值分别为 4.2、5.1 和 4.5。可见，各处理各茬地下部 Zn/Cu 值与土壤所对应的该比值相差不大。而三茬苗期玉米地上部 Zn/Cu 值随鸡粪施用量的增加而降低，且降低幅度较大，第一、第二、第三茬苗期玉米地上部 CK 处理 Zn/Cu 值分别为 11.3、10.4 和 10.6，S 处理 Zn/Cu 值分别为 7.8、10.1 和 7.6，SM_{180} 处理 Zn/Cu 值分别为 6.6、5.4 和 5.5；除 SM_{180} 处理的第二茬、第三茬，各处理各茬地上部 Zn/Cu 值均显著高于地下部和土壤中的 Zn/Cu 值。这说明苗期玉米吸收转运 Cu 的能力较 Zn 强，鸡粪施用量的增加相对促进了苗期玉米对石灰性褐土中 Cu 的吸收转运，同时降低了苗期玉米对 Cu 和 Zn 吸收转运的差异，而且随着种植茬数的增加，这种作用会趋于减弱。

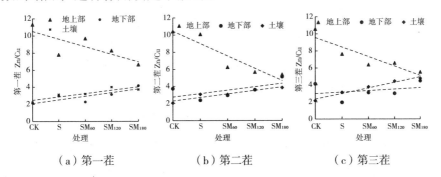

（a）第一茬　　　　　　（b）第二茬　　　　　　（c）第三茬

图 4-10　三茬土壤苗期玉米地上部和地下部 Zn/Cu 值与城市污泥及鸡粪施用量的关系

注：不同字母表示不同处理之间有统计学差异（$P < 0.05$），误差棒表示平均值的标准误差。

4.3 讨论与结论

4.3.1 讨论

4.3.1.1 对三茬玉米苗期土壤重金属 Cu、Zn 含量的影响

城市污泥和鸡粪中含有一定量的重金属，施入土壤中会对其中的重金属含量产生影响。研究显示，秸秆配施鸡粪使得土壤中 Zn 含量显著增加且富集明显，Cu 也出现富集。城市污泥和鸡粪中的重金属又会通过土壤影响作物中重金属含量。冬小麦—夏玉米轮作的潮褐土田间试验表明，添加污泥处理显著增加了土壤中 Cd、Hg、As、Cu、Zn 的含量。Walter 等（2006）研究城市污泥施用过程时发现土壤中大量 Cu、Zn 的积累与污泥中 Cu、Zn 的含量高相关；大田小麦试验表明，土壤中 Zn、Cu、Cd、As、Hg 等重金属含量随污泥堆肥用量的增加而增加，但未超过《土壤环境质量　农用地土壤污染风险管控标准（试行）》（GB 15618—1995）的规定 。而徐轶群等的研究显示，施用 20% 左右的污泥能有效降低土壤中重金属的含量。

本试验第一、第二、第三茬苗期玉米石灰性褐土中的全量 Cu、全量 Zn 与 CK 和 S 处理相比，均随着鸡粪施用量的增加显著增加。随着种植茬数的增加，全量 Cu 含量减少，全量 Zn 含量有增加趋势，有效态 Cu 和有效态 Zn 含量减少，因为有一部分 Cu 通过生物富集迁移作用转移到作物体内。但各茬各处理有效态 Cu 含量均随着鸡粪施用量的增加而增加，有效态 Zn 含量则随鸡粪施用量的增加而降低。这

与盆栽小白菜试验中石灰性褐土中有效态 Cu、Zn 含量的变化趋势一致。

4.3.1.2 对苗期玉米生长的影响

城市污泥和鸡粪中含有作物生长发育需要的养分元素和有机物质，施入土壤中会促进其生长发育，但其中也含有对作物有害的物质，会导致作物生长发育受阻。研究显示，鸡粪对蚕豆生长、产量及品质有促进作用；玉米和大豆在污泥堆肥中的施用比例分别为 10% 和 5% 时长势最佳，且籽粒中重金属含量在国家食品卫生标准范围内。污泥施用后，3 个玉米品种生物量均增加明显；小区试验中将污泥作为肥料种植玉米，玉米的长势和产量明显优于对照和施用化肥的处理；冬小麦 – 夏玉米轮作 3 年定位试验表明，3 种污泥肥料对作物有明显的增产作用，其增产效果相当于等养分的化肥。常海刚等（2022）的研究显示，有机肥和氮肥配施可以增加春小麦的产量。薛同宣等（2020）的研究表明，鸡粪和化肥 4 ∶ 6 配施能够提高玉米的产量。李勃等（2016）的研究发现，污泥施入量超过 25% 后胡麻种子的发芽和生长受到严重抑制。戴亮等（2013）将污泥施用后，玉米出苗率和根长受到不同程度的抑制。本试验研究表明，城市污泥与不同量鸡粪施入盆栽苗期玉米中，一定程度上会促进各茬株高和地上部干重，但增加量不断减小；对第二、第三茬的根长产生了抑制作用，尤其是高量鸡粪处理的根长明显低于空白和只施入城市污泥处理的根长。

综上所述，苗期玉米的根受到城市污泥和鸡粪量的影响比地上部更大，其中有害物质会最先对玉米苗期的根产生抑制作用，在农业施肥的过程中要优先依据根部的生长状况来控制鸡粪的施入量，从而保证作物的健康生长。同时，鸡粪与城市污泥对苗期玉米生长的影响会随着种植茬数的增加而减小，这可能与部分养分元素会逐渐迁移积累到作物体内有关。

4.3.1.3 对苗期玉米中重金属 Cu、Zn 累积迁移的影响

城市污泥和鸡粪中的重金属会通过土壤影响作物中重金属的累积迁移。有研究报道，农作物施用污泥能引起小麦、油菜中 Zn、Cu 的累积。石灰性土壤盆栽试验表明，苗期玉米和油菜两茬作物中重金属含量变化基本与土壤中重金属变化趋势一致，均随城市污泥施用量的增加呈上升趋势，且第一茬苗期玉米地上部分重金属 Cu、Zn、Pb、Cr、Cd、As 含量均小于地下部分，第二茬油菜地上部 Cu、Zn、Pb、Cr、As 含量均大于地下部。还有研究显示，鸡粪可以降低小白菜根部 Zn 含量，但可以增加根部 Cu 含量。

本试验研究结果显示，与单施入城市污泥的处理相比，施入城市污泥和低、中、高量鸡粪的各茬苗期玉米对 Cu、Zn 的富集系数均随着鸡粪施用量的增加而降低，但 Zn 的富集系数降低的幅度大于 Cu；各茬苗期玉米 Cu 的转运系数随着鸡粪施用量的增加而增加，Zn 的转运系数随着鸡粪施用量的增加而减小。

4.3.2 结论

4.3.2.1 对苗期玉米石灰性褐土重金属含量的影响

第一、第二、第三茬苗期玉米石灰性褐土中的全量 Cu、全量 Zn 含量与 CK 和 S 处理相比，均随着鸡粪施用量的增加而增加，但远低于《土壤环境质量 农用地土壤污染风险管控标准（试行）》（GB 15618—2018）中的标准值（$6.5 < \text{pH} \leqslant 7.5$ 时，Cu、Zn 的标准限值分别为 100 mg/kg 和 250 mg/kg；pH > 7.5 时，Cu、Zn 的标准限值分别为 100 mg/kg 和 300 mg/kg）。随着种植茬数的增加，有效态 Cu 含量随着鸡粪施用量的增加而降低，有效态 Zn 含量随着鸡粪施用量的增加而增加。

4.3.2.2 对苗期玉米生长的影响

随着城市污泥配施不同量鸡粪的增加，第一、第二、第三茬苗期玉米株高、根长、地上部干重和地下部干重均呈先升高后降低的趋势，且各指标值由大到小均为第一茬 > 第二茬 > 第三茬。城市污泥配施中、高量鸡粪对第二、第三茬的根长产生了明显的抑制作用。

4.3.2.3 对三茬苗期玉米中重金属含量的影响

三茬苗期玉米各处理地下部 Cu 含量均高于地上部。与未施入城市污泥与鸡粪的 CK 处理相比，第一、第二、第三茬地上部与地下部 Cu 含量均显著增加。与单施入城市污泥相比，施入城市污泥与低、中量鸡粪能够增加第一茬苗期玉米地下部 Cu 含量，减小其地上部 Cu 含量；施入城市污泥与高量鸡粪显著降低了第一茬苗期玉米地上部和地下部的 Cu 含量。施入城市污泥与不同量鸡粪能够显著降低第二茬地下部 Cu 含量，且随着鸡粪施用量的增加，地下部 Cu 含量的降低量增加；但地上部 Cu 含量增加，且随着鸡粪施用量的增加，地上部 Cu 含量的增加量减小。施入城市污泥与不同量鸡粪能够显著降低第三茬苗期玉米地下部 Cu 含量，但对其地上部 Cu 含量的影响不显著，且随着鸡粪施用量的增加，地上部和地下部 Cu 含量降低的幅度均增大。

第一茬苗期玉米各处理地上部 Zn 含量均高于地下部，第二、第三茬正好相反。与未施入城市污泥与鸡粪的 CK 处理相比，第一、第二、第三茬地上部与地下部 Zn 含量均显著增加。与单施入城市污泥相比，施入城市污泥和中、高量鸡粪显著降低了第一茬地上部和地下部 Zn 含量；施入城市污泥和低、中和高量鸡粪显著降低了第二茬地上部和地下部 Zn 含量；施入城市污泥和不同量鸡粪显著降低了第三茬地上部和地下部 Zn 含量，其中高量鸡粪处理能显著降低地上部 Zn 含量，中、高量鸡粪处理能显著降低地下部 Zn 含量。

4.3.2.4 对三茬苗期玉米 Cu、Zn 富集迁移的影响

随着城市污泥配施不同量鸡粪的增加，三茬苗期玉米对 Cu 和 Zn 的富集系数均随着鸡粪施用量的增加而降低，其中 Cu 的富集系数分别下降 29.6%、40.1% 和 46.9%，Zn 的富集系数分别下降 50%、51% 和 50%；Cu 的转运系数总体趋势随着鸡粪施用量的增加而增加，Zn 的转运系数随着鸡粪施用量的增加而减小。

第 5 章　城市污泥对土壤－玉米籽粒 Cu、Zn 累积玉米生长的影响

5.1　材料与方法

5.1.1　供试材料

5.1.1.1　供试作物

本试验选择 Zn 敏感植物玉米（*Zea mays* L.）作为供试作物，品种为大丰 30 号。

5.1.1.2　大田土壤

试验田位于山西省晋中市太谷区杨家庄，试验田土壤为石灰性褐土。其有关理化性质如表 5-1 所示。

表 5-1　供试材料理化性质

供试材料	铜（Cu）/(mg·kg^{-1})	锌（Zn）/(mg·kg^{-1})	全氮（N）/%	有效磷（P）/(mg·kg^{-1})	速效钾（K）/(mg·kg^{-1})	有机质/%	pH
石灰性褐土	25.56	73.62	0.09	15.58	126.70	1.26	8.28
晋中市污泥	126.60	138.90	4.50	246.20	308.60	43.22	7.42

5.1.1.3　供试污泥

供试污泥采集自山西省晋中市某污水处理厂，该污泥经过高温好氧堆制后成腐熟污泥备用。供试污泥有关性质如表 5-1 所示。供试污泥其他重金属铅（Pb）、汞（Hg）、砷（As）、铬（Cr）和镉（Cd）的含量分别为 48.10 mg/kg、2.80 mg/kg、20.3 mg/kg、60.0 mg/kg 和

2.77 mg/kg，从重金属含量来看，供试污泥泥质符合国家《农用污泥污染物控制标准》（GB 4285—2018）中 A 级污泥产物的标准。

5.1.1.4 供试肥料

氮肥为尿素，含氮（N）约 46.00%；磷肥为过磷酸钙，含五氧化二磷（P_2O_5）约 20.00%；钾肥为氯化钾，含氧化钾（K_2O）约 60.00%。

5.1.2　试验设计与实施

本大田试验共设 4 个处理，分别如下：

处理 1：不施污泥处理（CK）；

处理 2：4 t/ha（低量污泥处理，S_L）；

处理 3：8 t/ha（中量污泥处理，S_M）；

处理 4：12 t/ha（高量污泥处理，S_H）。

重复 3 次，共计 12 个小区，每个小区面积 9 m²（3 m×3 m），采用随机排列方式，播种的株距和行距约 45 cm。

试验于 2017 年 4 月 2 日开始，玉米种植前，结合翻地按处理设计一次性基施不同数量的供试污泥，具体如下：CK 处理不施污泥，S_L 处理施污泥折合每小区 3.6 kg，S_M 处理每小区 7.2 kg，S_H 处理每小区 10.8 kg。与污泥一同施化肥，要求 N 量为 150 kg/ha，P_2O_5 量为 75 kg/hm²，K_2O 量为 45 kg/hm²，折合每小区施 N 量为 0.135 kg（尿素 0.293 kg）、P_2O_5 量为 0.067 5 kg（过磷酸钙 0.338 kg）、K_2O 量为 0.041 kg（氯化钾 0.068 kg）。至成熟期不再追肥也不进行灌溉，于 2017 年 10 月 15 日结束试验。

玉米生长期分别在 2017 年 6 月 5 日进行玉米苗期采样、7 月 8 日进行拔节期采样、7 月 26 日下旬进行抽穗期采样、10 月 15 日进行成熟期采样，前三个生长期分别采集 5 株玉米植株，成熟期采集 8 株玉米植株，采样前计算每个小区玉米的成穗率。取样时，先选择各处理小区长势均匀的植株，尽可能具有代表性，将选好的玉米植株的全部根系从土壤中取出，轻轻去除根部土壤和其他杂物，用牛皮纸袋将根部保护好，运回实验室后用蒸馏水轻轻地将植株上面的灰尘和根部的土壤清洗干净，用吸水纸将水分吸干，用卷尺测量每株玉米的株高和主根长，用天平称量植株地上部鲜重和地下部鲜重。然后，将样品按不同处理的地上部和地下部分别装入牛皮纸袋后放入烘箱内，成熟期的样品要将茎和叶分开装入牛皮纸袋，同时在 105 ℃ 的烘箱下杀青 30 min，杀青结束后控制烘箱温度为 70 ℃ 烘干直至恒重，称量地上部和地下部干重。用玛瑙研钵研碎过 1 mm 筛，进行重金属 Cu、Zn 含量的测定，同时测定成熟期玉米籽粒中 Cu、Zn 含量。

成熟期收取植株样品前先按 S 形多点采集 0～20 cm 土层混合土样，去除石块及动植物残体等杂质物质，风干后再取部分土样分别过 1 mm 和 0.149 mm 的尼龙筛，用于土壤中 Cu、Zn 全量和有效态含量及其他基本性质的测定。

5.1.3　测定项目与方法

玉米各生育期的株高、根长用卷尺直接测量，地上部和地下部干重用分析天平称量。土壤、污泥的 pH、全氮、有效磷、速效钾、有机质测定方法同 "3.1.3" 中相应方法。重金属元素 Cu 和 Zn 采用 HNO_3–$HClO_4$ 消煮，等离子发射光谱法测定。

测定玉米籽粒和土壤中 Cu、Zn 含量时分别用标准物质 GBW10012（国家质量监督检验检疫局）和 GBW07408 进行质量控制。试验结果表明误差小于 10%。

5.1.4　计算方法

玉米籽粒对重金属 Cu、Zn 的富集系数的计算方法同"3.1.4"中的计算方法。

5.1.5　数据处理

本试验所有数据均采用 SPSS 软件进行方差分析和多重比较（PLSD 检验 – 标记字母法），并运用 Excel 2016 对原始数据进行相关处理和图表绘制（图中的数据均用平均值与标准偏差表示）。

5.2　结果与分析

5.2.1　城市污泥对玉米不同生育期株高、根长和生长量的影响

城市污泥对玉米不同生育期株高、根长和生长量的影响如表 5-2 所示。从表 5-2 可以看出，苗期玉米的株高、根长、地上部鲜重、地上部干重、根鲜重和根干重的变化范围分别为 68.8 ～ 76.9 cm、25.0 ～ 30.6 cm、423.62 ～ 554.32 g/ 株、46.53 ～ 62.38 g/ 株、122.73 ～ 151.18 g/ 株和 12.84 ～ 15.86 g/ 株。总体来看，随着城市污泥施用量的增加，各生长指标值均呈增加趋势。

表 5-2 城市污泥对苗期玉米株高、根长和生长量的影响

处理	株高 /cm	根长 /cm	地上部鲜重 /(g·株⁻¹)	地上部干重 /(g·株⁻¹)	根鲜重 /(g·株⁻¹)	根干重 /(g·株⁻¹)
CK	68.8 ± 2.86b	25.0 ± 1.75b	423.62 ± 70.31a	46.53 ± 6.99b	122.73 ± 11.14b	12.84 ± 1.51b
S_L	71.6 ± 1.37b	26.6 ± 1.86b	460.64 ± 19.56ab	53.57 ± 5.82ab	130.62 ± 9.13b	13.97 ± 1.01ab
S_M	76.7 ± 2.16a	27.9 ± 1.33ab	473.93 ± 69.66ab	60.24 ± 1.46a	136.66 ± 2.88ab	14.04 ± 0.31ab
S_H	76.9 ± 0.56a	30.6 ± 1.31a	554.32 ± 33.41a	62.38 ± 6.04a	151.18 ± 6.28a	15.86 ± 1.23a

注：不同字母表示不同处理之间有统计学差异（$P < 0.05$）。

与 CK 相比，S_L、S_M 和 S_H 处理的株高分别增加了 4.12%、11.53% 和 11.81%，其中低量污泥处理增加不显著，其余均显著增加；S_L、S_M 和 S_H 处理的根长分别增加了 6.42%、11.261% 和 22.42%，仅高量污泥处理增加显著，其余均不显著；S_L、S_M 和 S_H 处理的地上部鲜重分别增加了 8.71%、11.92% 和 31.02%，但差异均不显著；S_L、S_M 和 S_H 处理的地上部干重分别增加了 15.14%、29.53% 和 34.05%，仅低量污泥处理差异不显著，其余差异均显著；S_L、S_M、S_H 处理的根鲜重分别增加了 6.41%、11.34% 和 23.16%，S_L、S_M 和 S_H 处理的根干重分别增加了 8.61%、9.42% 和 23.45%，仅高量污泥处理差异显著，其余处理差异不显著。

城市污泥对拔节期玉米株高、根长和生长量的影响如表 5-3 所示。由表 5-3 可知，拔节期玉米的株高、根长、地上部鲜重、地上部干重、根鲜重和根干重的变化范围分别为 132.9 ～ 155.6 cm、33.8 ～ 39.8 cm、903.44 ～ 1224.83 g/ 株、114.58 ～ 143.32 g/ 株、125.34 ～ 152.73 g/ 株和 23.32 ～ 30.79 g/ 株。总体来看，随着城市污泥施用量的增加，各指标值呈增加趋势。

表 5-3　城市污泥对拔节期玉米株高、根长和生长量的影响

处理	株高 /cm	根长 /cm	地上部鲜重 /(g·株⁻¹)	地上部干重 /(g·株⁻¹)	根鲜重 /(g·株⁻¹)	根干重 /(g·株⁻¹)
CK	132.8 ± 1.75d	33.8 ± 0.58c	903.44 ± 32.4c	114.58 ± 9.80c	125.34 ± 12.22b	23.32 ± 2.83c
S_L	138.5 ± 2.18c	35.9 ± 1.15b	1033.51 ± 54.2b	127.73 ± 9.91bc	138.05 ± 13.11ab	25.75 ± 0.61bc
S_M	146.8 ± 1.04b	37.5 ± 1.00b	1134.90 ± 87.5a	133.91 ± 6.48ab	145.37 ± 9.45ab	27.08 ± 1.76b
S_H	155.6 ± 3.50a	39.8 ± 0.76a	1224.83 ± 14.3a	143.32 ± 2.92a	152.73 ± 7.57a	30.79 ± 1.26a

注：不同字母表示不同处理之间有统计学差异（$P < 0.05$）。

与 CK 相比，S_L、S_M 和 S_H 处理的株高分别显著增加了 4.31%、10.45% 和 17.12%；S_L、S_M 和 S_H 处理的根长分别显著增加了 6.22%、11.31% 和 17.76%；S_L、S_M 和 S_H 处理的地上部鲜重分别显著增加了 14.43%、25.56% 和 35.62%；S_L、S_M 和 S_H 处理的地上部干重分别增加了 11.53%、16.91% 和 25.22%，低量污泥处理差异不显著，其余差异均显著；S_L、S_M、S_H 处理的根鲜重分别增加了 10.11%、16.08% 和 21.89%，S_L、S_M 和 S_H 处理的根干重分别增加了 10.33%、15.88% 和 31.76%，高量污泥处理差异均显著，低量污泥差异均不显著。

城市污泥对抽穗期玉米株高、根长和生长量的影响如表 5-4 所示。由表 5-4 可知，抽穗期玉米的株高、根长、地上部鲜重、地上部干重、根鲜重和根干重的变化范围分别为 192.7 ～ 215.7 cm、39.4 ～ 46.0 cm、922.65 ～ 1 212.91 g/ 株、121.03 ～ 186.62 g/ 株、101.33 ～ 165.34 g/ 株和 18.57 ～ 30.53 g/ 株。总体来看，随着城市污泥施用量的增加，各生长指标值均呈增加趋势。

表 5-4　城市污泥对抽穗期玉米株高、根长和生长量的影响

处理	株高 /cm	根长 /cm	地上部鲜重 / (g·株 $^{-1}$)	地上部干重 / (g·株 $^{-1}$)	根鲜重 / (g·株 $^{-1}$)	根干重 / (g·株 $^{-1}$)
CK	192.72 ± 2.52b	39.35 ± 1.53c	922.65 ± 51.2c	121.03 ± 5.26d	101.33 ± 6.43c	17.62 ± 4.59b
S_L	196.08 ± 3.61b	42.37 ± 0.58b	1 003.21 ± 73.5bc	132.82 ± 4.58c	121.36 ± 4.16b	18.57 ± 1.31b
S_M	200.03 ± 8.89b	43.02 ± 1.00b	1 033.62 ± 41.3a	157.95 ± 2.95b	129.32 ± 5.03b	20.45 ± 1.92b
S_H	215.72 ± 9.87a	46.03 ± 2.00a	1 212.91 ± 58.7b	186.62 ± 3.44a	165.34 ± 16.65a	30.53 ± 2.74a

注：不同字母表示不同处理之间有统计学差异（ P ＜ 0.05 ）。

与 CK 相比，S_L、S_M 和 S_H 处理的株高分别增加了 1.73%、3.81% 和 11.89%，高量污泥处理差异显著，其余差异不显著；S_L、S_M 和 S_H 处理的根长分别显著增加了 7.56%、9.44% 和 17.02%；S_L、S_M 和 S_H 处理的地上部鲜重分别增加了 8.72%、12.05% 和 31.57%，低量污泥处理差异不显著，其余差异显著；S_L、S_M 和 S_H 处理的地上部干重分别显著增加了 9.72%、30.56% 和 54.27%；S_L、S_M 和 S_H 处理的根鲜重分别显著增加了 19.73%、27.56% 和 63.22%；S_L、S_M 和 S_H 处理的根干重分别增加了 5.13%、16.06% 和 73.33%，高量污泥处理差异显著，其余处理差异不显著。

城市污泥对成熟期玉米株高、根长和生长量的影响如表 5-5 所示。由表 5-5 可知，成熟期玉米的株高、根长、地上部鲜重、地上部干重、根鲜重和根干重的变化范围分别为 193.7 ～ 219.5 cm、40.3 ～ 46.4 cm、3 901.44 ～ 4 590.28 g/ 株、258.73 ～ 337.07 g/ 株、393.33 ～ 490.09 g/ 株和 100.93 ～ 142.91 g/ 株。总体来看，随着城市污泥施用量的增加，各生长指标值均呈增加趋势。

表 5-5 城市污泥对成熟期玉米株高、根长和生长量的影响

处理	株高 /cm	根长 /cm	地上部鲜重 /（g·株⁻¹）	地上部干重 /（g·株⁻¹）	根鲜重 /（g·株⁻¹）	根干重 /（g·株⁻¹）
CK	$193.7 \pm 1.31c$	$40.3 \pm 0.87d$	$3\,901.44 \pm 121.61b$	$258.73 \pm 13.05b$	$393.33 \pm 40.41b$	$100.93 \pm 9.97c$
S_L	$196.7 \pm 3.95c$	$42.4 \pm 0.57c$	$4\,118.75 \pm 146.32b$	$294.55 \pm 29.62ab$	$433.36 \pm 15.3ab$	$123.57 \pm 5.80b$
S_M	$204.2 \pm 1.83b$	$43.8 \pm 0.64b$	$4\,349.18 \pm 150.94ab$	$310.93 \pm 29.47a$	$456.77 \pm 28.87a$	$133.69 \pm 5.24ab$
S_H	$219.5 \pm 5.40a$	$46.4 \pm 0.46a$	$4\,590.28 \pm 396.31a$	$337.07 \pm 25.93a$	$490.09 \pm 26.46a$	$142.91 \pm 2.89a$

注：不同字母表示不同处理之间有统计学差异（$P < 0.05$）。

与 CK 相比，S_L、S_M 和 S_H 处理的株高分别增加了 1.56%、5.52% 和 13.46%，低量污泥处理差异不显著，其余差异显著；S_L、S_M 和 S_H 处理的根长分别显著增加了 5.51%、8.72% 和 15.24%；S_L、S_M 和 S_H 处理的地上部鲜重分别增加了 5.63%、11.55% 和 17.73%，高量污泥处理差异显著，其余差异不显著；S_L、S_M 和 S_H 处理的地上部干重分别增加了 13.82%、20.22% 和 30.37%，低量污泥处理差异不显著，其余差异显著；S_L、S_M 和 S_H 处理的根鲜重分别增加了 10.21%、16.06% 和 24.56%，低量污泥处理差异不显著，其余差异显著；S_L、S_M 和 S_H 处理的根干重分别显著增加了 22.43%、32.47% 和 41.56%。

从以上不同生育期各个玉米生长指标来看，施入不同量城市污泥均促进了玉米的生长，而且随着城市污泥施入量的增加，玉米生长量也增加。这一结果表明，虽然本试验城市污泥最大施用量 12 t/ha（折合 800 kg/ 亩）大于《农用污泥污染物控制标准》（GB 4285—2018）中限定的 7.5 t/ha（折合 500 kg/ 亩）施用量，但本试验的城市污泥施用量并未对供试玉米生长产生抑制作用。由此可知，现行国标对污泥

农用量的限制比较严格，就供试污泥而言，严格按照该国标的限制标准进行土地利用应该不会产生生态环境问题。

5.2.2　城市污泥对玉米生物量和产量及产量性状的影响

5.2.2.1　对成熟期玉米茎、叶、苞叶重量的影响

不同量污泥处理下成熟期玉米茎、叶和苞叶重量如图 5-1 所示。由图 5-1 可知，随着污泥施用量的增加，成熟期玉米茎、叶和苞叶的重量呈增加趋势。三个指标的变化范围分别为 1 096.70 ～ 1 350.23 g/ 株、696.75 ～ 856.70 g/ 株和 303.31g ～ 413.36 g/ 株。

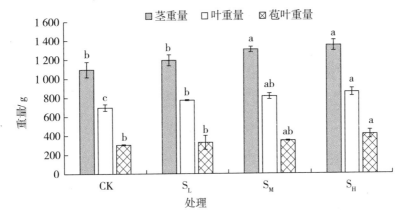

图 5-1　不同量污泥处理下成熟期玉米茎、叶和苞叶重量

注: 不同字母表示不同处理之间有统计学差异（$P < 0.05$），误差棒表示平均值的标准误差。

与 CK 相比，施入低、中、高量污泥的三个处理茎的重量分别增加了 8.83%、19.15% 和 23.16%；叶的重量分别增加了 11.06%、16.82% 和 23.02%；苞叶的重量分别增加了 7.71%、14.33% 和 36.35%。其中，低污泥施用量处理的茎重量、苞叶重量以及中量污泥施用量处理的苞叶重量差异均不显著，其余各处理各指标均差异显著。

5.2.2.2 对玉米产量性状的影响

城市污泥对玉米产量性状的影响如表 5-6 所示。由表 5-6 可知，成熟期玉米的穗长、穗粗、穗粒数、秃尖长和百粒重的变化范围分别为 20.4 ～ 23.1 cm、15.6 ～ 16.3 cm、37 ～ 39 粒、0.6 ～ 0.9 cm 和 38.83 ～ 39.67 g。总体来看，除籽粒行数未变化外，随着城市污泥施用量的增加，各指标值呈增加趋势。

表 5-6　城市污泥对玉米产量性状的影响

处理	穗长 /cm	穗粗 /cm	穗行数	穗粒数 / 粒	秃尖长 /cm	百粒重 /g
CK	20.4 ± 1.29b	15.6 ± 0.18b	17 ± 0.26a	37 ± 1.03a	0.81 ± 0.33a	38.83 ± 0.35a
S_L	21.0 ± 0.40b	15.9 ± 0.46ab	17 ± 0.36a	38 ± 3.10a	0.89 ± 0.68a	39.20 ± 1.04a
S_M	21.7 ± 0.69ab	16.0 ± 0.09ab	17 ± 0.40a	38 ± 0.40a	0.89 ± 0.34a	39.47 ± 0.64a
S_H	23.1 ± 0.71a	16.3 ± 0.30a	17 ± 0.34a	39 ± 0.20a	0.60 ± 0.37a	39.67 ± 0.31a

注：不同字母表示不同处理之间有统计学差异（$P < 0.05$）。

与 CK 相比，穗长和穗粗 S_L、S_M、S_H 处理分别增加了 2.84%、6.22%、13.13% 和 2.44%、3.15%、5.02%。其中，只有高污泥施用量处理差异显著，其余差异均不显著；虽然行粒数、秃尖长和百粒重随着污泥施用量均有所增加，但增加均不显著，籽粒行数基本未发生变化。

5.2.2.3 对玉米经济产量的影响

每个小区 3 m×3 m，株距和行距均约为 45 cm，每个小区的株数为 49 株，CK 处理成穗率约为 96%，S_L、S_M、S_H 处理的成穗率分别为 97%、97% 和 98%。穗行数、穗粒数及百粒重如表 5-6 所示。根据小区产量 = 小区穗数 × 穗粒数 × 粒重，得出各小区的玉米经济产量，如表 5-7 所示。

表5-7　玉米经济产量

处理	CK	S_L	S_M	S_H
产量 / (kg·小区$^{-1}$)	11.20 ± 0.51b	11.58 ± 0.79b	12.00 ± 0.78ab	13.04 ± 0.43a

注：不同字母表示不同处理之间有统计学差异（$P < 0.05$）。

由表5-7可知，玉米经济产量变化范围为11.20 ～ 13.04 kg/ 小区。总体来看，随着城市污泥施用量的增加，产量呈增加趋势。

与CK相比，S_L、S_M、S_H处理玉米产量分别增加了3.39%、3.75%和9.29%。其中，只有高污泥施用量处理差异显著，其余差异均不显著。这说明施入高量城市污泥能够增加玉米的产量，但S_H处理与S_M相比差异不显著，从经济效益及生态效益的角度来讲，应该选择8 t/ha（S_M处理）的城市污泥施用量。

5.2.3　城市污泥对玉米成熟期土壤中 Cu、Zn 含量的影响

城市污泥对土壤中 Cu、Zn 含量的影响如图5-2所示。由图5-2可知，随着污泥施用量的增加，成熟期玉米土壤中重金属 Cu、Zn 含量呈增加趋势。重金属 Cu 的变化范围为26.31 ～ 43.03 mg/kg，Zn 含量的变化范围为72.75 ～ 95.93 mg/kg。

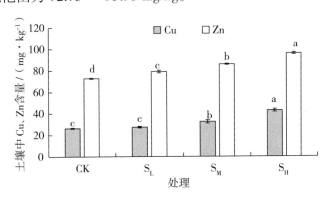

图 5-2　城市污泥对土壤中 Cu、Zn 含量的影响

注：不同字母表示不同处理之间有统计学差异（$P < 0.05$），误差棒表示平均值的标准误差。

与 CK 相比，施入低、中、高量污泥的三个处理 Cu 含量分别增加了 4.06%、23.41% 和 63.55%；Zn 含量分别增加了 8.69%、18.10% 和 31.86%。其中，低污泥施用量处理 Zn 含量增加不显著外，其余各处理各指标均差异显著。综上可知，施入不同量城市污泥会增加土壤中相应重金属 Cu、Zn 含量，而且低量城市污泥对 Zn 含量的增加作用大于 Cu，中、高量城市污泥对 Cu 含量的作用大于 Zn。

5.2.4　城市污泥对玉米籽粒 Cu、Zn 含量的影响

土壤中有效态 Cu、Zn 被玉米根系吸收后会转运到玉米各器官，而玉米籽粒中 Cu、Zn 含量最受人们关注，人类和动物可以通过食用玉米获得体内必需的矿物质元素 Cu 和 Zn，但体内 Cu 和 Zn 超过一定量会产生毒害作用。

城市污泥对玉米籽粒中 Cu、Zn 含量的影响如图 5-3 所示。由图 5-3 可知，随着污泥施用量的增加，玉米籽粒中 Cu 含量呈先增加后降低趋势，Zn 含量呈不断增加趋势。Cu、Zn 含量的变化范围分别为 2.54 ~ 3.62 mg/kg 和 26.13 ~ 35.62 mg/kg。

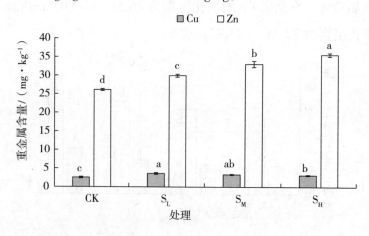

图 5-3　城市污泥对玉米籽粒中 Cu、Zn 含量的影响

注：不同字母表示不同处理之间有统计学差异（$P < 0.05$），误差棒表示平均值的标准误差。

与 CK 相比，施入低、中、高量污泥的三个处理玉米籽粒中 Cu 含量分别增加了 42.52%、30.71% 和 24.02%，Zn 含量分别增加了 14.70%、26.67% 和 36.32%，且差异显著。可见，供试污泥中含有较高的 Cu 和 Zn，施入供试土壤不仅增加了土壤中 Cu、Zn 含量，还显著增加了玉米籽粒中的 Cu、Zn 含量，且玉米籽粒中 Zn 含量远高于 Cu 含量，因此玉米籽粒可以成为人体所需 Zn 元素的食物供给源。

5.2.5　城市污泥对 Cu、Zn 在土壤—玉米籽粒中累积迁移的影响

城市污泥对玉米籽粒中 Cu、Zn 富集系数的影响如图 5-4 所示。由图 5-4 可知，随着污泥施用量的增加，玉米籽粒中 Cu、Zn 的富集系数呈先增加后降低的趋势。玉米籽粒中 Cu、Zn 富集系数的变化范围分别为 0.07 ～ 0.13 和 0.36 ～ 0.39，低量污泥处理 Cu 的富集系数相对最大，中量污泥处理 Zn 的富集系数相对最大，但 Cu 和 Zn 的富集系数均小于 1。

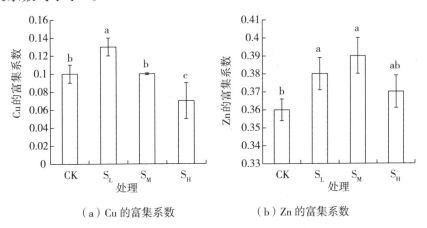

（a）Cu 的富集系数　　　　　（b）Zn 的富集系数

图 5-4　城市污泥对玉米籽粒中 Cu、Zn 富集系数的影响

注：不同字母表示不同处理之间有统计学差异（$P < 0.05$），误差棒表示平均值的标准误差。

与 CK 相比，施入低量污泥处理玉米籽粒中 Cu 的富集系数增加了 30.00%，中量污泥处理玉米籽粒中 Cu 的富集系数未变化，高量污

泥处理玉米籽粒中 Cu 的富集系数降低了 30.00%；三个处理玉米籽粒中 Zn 的富集系数分别增加了 5.56%、8.33% 和 2.78%，高量污泥处理差异不显著，中、低量污泥处理均差异显著。这说明随着城市污泥施入量的增加，玉米籽粒中 Cu 的富集降低，Zn 的富集增加。

5.3 讨论与结论

5.3.1 讨论

5.3.1.1 对玉米生长和产量的影响

由于城市污泥中含有大量有机质和作物生长发育所需要的养分元素，所以城市污泥施入土壤中，会对作物的生长以及产量产生影响。盆栽试验表明，污泥施用后，三个玉米品种生物量均增加明显。小区试验中将污泥作为肥料种植玉米，玉米的长势和产量明显优于对照和施用化肥的处理。梁丽娜等（2009）进行冬小麦 – 夏玉米轮作三年定位试验表明，三种污泥肥料对作物有明显的增产作用，其增产效果相当于等养分的化肥。本试验结果显示，随着污泥施用量的增加，玉米四个生长期的株高、根长、株鲜重、株干重、根鲜重和根干重均呈增加趋势；成熟期玉米茎、叶和苞叶的重量以及玉米的穗长、穗粗、穗粒数和百粒重均随着城市污泥施用量的增加呈增加趋势。且与 CK 相比，除穗粒数和百粒重增加不显著外，高污泥施入量处理的上述所有指标均显著增加，而低、中污泥施入量处理的各指标值变化规律不一致。

5.3.1.2 对土壤 Cu、Zn 含量的影响

施入污泥后，土壤中 Cu、Zn 含量会发生相应的变化。本试验结果显示，随着污泥施用量的增加，成熟期玉米土壤中重金属 Cu、Zn含量呈增加趋势。研究显示，施加污泥后，耕层 0 ~ 20 cm 土壤中所有元素含量显著增加，尤其是 Cu、Zn、Cd、Hg 等元素。盆栽试验表明，施用污泥堆肥土壤重金属 Zn、Cu 含量增加，当施用量为 20%时，土壤 Zn 含量超标。田间试验表明，添加污泥显著增加了土壤中Cu、Zn 的含量。室内培养研究表明，污泥堆肥施用后，土壤中的 Cu、Zn、Pb、Cd 全量和有效态含量较对照显著增加，且随污泥堆肥施用量的增加而增加。由此可见，由污泥施加而造成土壤中重金属元素累积还需长期进行污泥试验来验证，尤其是污泥施加对农作物品质的影响。

5.3.1.3 对 Cu、Zn 在土壤—玉米籽粒中累积迁移的影响

本试验研究发现，随着土壤中污泥施加量的增大，作物吸收重金属元素 Cu、Zn 等的含量也逐渐增加。小麦大田试验表明，施用污泥复合肥处理的小麦籽粒中重金属 Cu、Zn、Pb、Cd 的含量有所增加，但均在国家食品卫生标准范围内。田间试验表明，施用污泥处理显著增加了小麦和玉米籽粒中重金属的含量。还有研究表明，施用污泥能够显著增加玉米籽粒中 Zn 的含量，且 Zn 含量随着污泥施用量的增加而增加。污泥的施用使得土壤的 pH、有机质含量等发生变化，影响了 Cu、Zn 元素的生物有效性。污泥的施加使土壤有酸化的趋势，使土壤中重金属元素活性增加，且迁移距离也有所增加。土壤施用污泥后，污泥中的有机质使土壤变得疏松，可耕性变好，土壤孔隙度、容重、保水和持水状况得到明显的改善。污泥的施加增加了土壤中可溶性有机碳（DOC）含量，使重金属元素以金属可溶性有机碳络合物的形态向土壤的深层转移。此外，随着污泥的施加，土壤中增加的 Zn

与 Cu 形成竞争吸附，会导致植物降低对 Cu 的吸收，土壤中较高的有机质含量也会减少植物对 Cu 的吸收。本试验研究发现，玉米籽粒对 Cu、Zn 的富集系数为 Zn > Cu，这与以前的研究与报道结果相一致。

5.3.2　结论

（1）随着污泥施用量的增加，玉米四个生长期（苗期、拔节期、抽穗期和成熟期）玉米株高、根长、株鲜重、株干重、根鲜重和根干重均呈增加趋势；成熟期玉米茎、叶和苞叶的重量以及玉米的穗长、穗粗、穗粒数、秃尖长和百粒重均随着城市污泥施用量的增加呈增加趋势。且与 CK 相比，除穗粒数和百粒重增加不显著外，高污泥施入量处理的上述所有指标均显著增加，而低、中污泥施入量处理的各指标值变化规律不一致。

（2）随着污泥施用量的增加，成熟期玉米土壤中重金属 Cu、Zn 含量呈增加趋势。低量城市污泥对 Zn 含量的增加作用大于 Cu，中、高量城市污泥对 Cu 含量的影响作用大于 Zn；随着污泥施用量的增加，玉米籽粒中 Cu、Zn 含量增加，其中 Cu 含量呈先增加后降低趋势，Zn 含量呈不断增加趋势。

（3）随着污泥施用量的增加，玉米籽粒中 Cu、Zn 的富集系数呈先增加后降低的趋势；玉米籽粒中 Cu 的富集系数小于 Zn 的富集系数，且富集系数均小于 1。

（4）石灰性褐土大田玉米最佳施用城市污泥量为 8 t/ha，虽然高量处理（S_H 处理）产量最大为 13.04 kg/ 小区，但与中量处理（S_M 处理）差异不显著。

第 6 章　各试验土壤 Cu、Zn 生态风险评价

6.1　评价标准及方法

6.1.1　评价标准

本试验的评价标准为中华人民共和国生态环境部发布的《土壤环境质量　农用地土壤污染风险管控标准（试行）》（GB 15618—2018）。

6.1.2　评价方法

根据《土壤环境质量　农用地土壤污染风险管控标准（试行）》（GB 15618—2018）中的土壤污染风险筛选值对各处理的土壤进行评价，运用单因子污染指数法、内梅罗综合污染指数和潜在生态风险指数法评价各试验土壤的污染状况。污染指数评价等级和生态风险评价等级如表 6-1 和表 6-2 所示。单因子污染指数计算公式为

$$P_i = w_i / S_i \qquad (6-1)$$

式中：P_i 为 i 重金属的单因子污染指数；w_i 为土壤中 i 重金属含量；S_i 为土壤中 i 重金属含量评价标准值。

当土壤 pH ≤ 5.5 或 5.5 < pH ≤ 6.5 时，Cu、Zn 的标准值分别为 50 mg/kg 和 200 mg/kg；当土壤 6.5 < pH ≤ 7.5 或 pH > 7.5 时，Cu 的标准值为 100 mg/kg，Zn 的标准值分别为 250 mg/kg 或 300 mg/kg。P_i ≤ 0.7，土壤未受污染；P_i > 0.7，土壤受到污染，且 P_i 越大，污染等级越高。

内梅罗综合污染指数计算公式为

$$P_{\mathrm{N}} = \sqrt{\frac{P_{\mathrm{ave}}^2 + P_{i\max}^2}{2}} \qquad (6-2)$$

式中：P_N为各处理重金属的综合污染指数；$P_{i\max}$为各处理 i 重金属单因子污染指数中的最大值；P_{ave}为各单因子污染指数的均值。

重金属潜在生态风险指数和潜在综合生态风险指数计算公式为

$$E_i = \sum T_i P_i \qquad (6-3)$$

$$I_R = \sum E_i \qquad (6-4)$$

式中：E_i 为某一种重金属 i 的潜在生态风险指数；T_i 为各重金属 i 的毒性系数（$T_{Zn} = 1$，$T_{Cu} = 5$）；P_i 为各处理重金属的综合污染指数；I_R 为各处理重金属的潜在综合生态风险指数。

表 6-1 单因子和综合污染指数等级划分标准

等级划分	单因子污染指数 P_i	内梅罗综合指数 P_N	污染等级
Ⅰ	$P_i \leqslant 0.7$	$P_N \leqslant 0.7$	安全
Ⅱ	$0.7 < P_i \leqslant 1.0$	$0.7 < P_N \leqslant 1.0$	警戒级
Ⅲ	$1.0 < P_i \leqslant 2.0$	$1.0 < P_N \leqslant 2.0$	轻度污染
Ⅳ	$2.0 < P_i \leqslant 3.0$	$2.0 < P_N \leqslant 3.0$	中度污染
Ⅴ	$P_i > 3.0$	$P_N > 3.0$	重度污染

表 6-2 重金属生态风险分级标准

等级划分	生态风险指数 E_i	生态风险综合指数 I_R	潜在生态风险等级
Ⅰ	$E_i < 30$	$I_R < 60$	轻微
Ⅱ	$30 \leqslant E_i < 60$	$60 \leqslant I_R < 120$	中等
Ⅲ	$60 \leqslant E_i < 120$	$120 \leqslant I_R < 240$	强
Ⅳ	$120 \leqslant E_i < 240$	$I_R \geqslant 240$	很强

6.2　结果与分析

6.2.1　盆栽小白菜三种供试土壤 Cu、Zn 生态风险评价

6.2.1.1　不同 pH 土壤重金属 Cu、Zn 污染指数评价

盆栽小白菜砖红壤、红壤和石灰性褐土 Cu、Zn 单因子污染指数评价与内梅罗综合污染指数评价如图 6-1 和图 6-2 所示。由图 6-1 和图 6-2 可知，砖红壤各处理 Cu、Zn 的单因子污染指数值范围分别为 0.25 ～ 0.39 和 0.34 ～ 0.70，除 SM_{120} 处理 Zn 的单因子污染指数为 0.7 外，其余各处理 Cu、Zn 的单因子污染指数均小于 0.7，对应污染等级为"安全"。各处理重金属综合污染指数值范围为 0.42 ～ 0.62，综合污染指数值均小于 0.7，综合污染等级为"安全"。各处理综合污染指数排序为 SM_{120} > SM_{180} > SM_{60} > S > CK。红壤各处理 Cu、Zn 单因子污染指数值范围分别为 0.53 ～ 0.95 和 0.54 ～ 0.79，单因子污染指数小于 1。其中，CK 和 S 处理 Cu 单因子污染指数值分别为 0.93 和 0.95，SM_{180} 处理 Zn 单因子污染指数值为 0.79，对应的污染等级均为"警戒级"。各处理综合污染指数值范围为 0.67 ～ 0.89，其中，S 处理 Cu、Zn 的综合污染指数值小于 0.7，对应污染等级为"安全"，其余处理综合污染等级为"警戒级"。各处理综合污染指数排序为 S > CK > SM_{180} > SM_{120} > SM_{60}。石灰性褐土各处理 Cu 和 Zn 元素的单因子污染指数值范围分别为 0.38 ～ 0.44 和 0.34 ～ 0.51，各处理综合污染指数值范围为 0.37 ～ 0.49，单因子和综合污染指数均小于 0.7，污染等级均为"安

全"。各处理综合污染指数排序为 $SM_{180} > SM_{120} > SM_{60} > S > CK$。

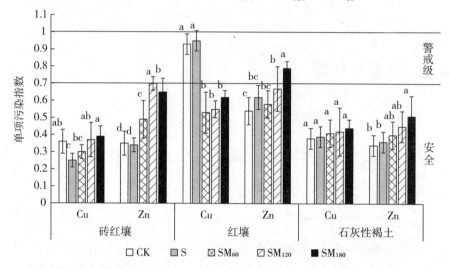

图 6-1 盆栽小白菜砖红壤、红壤和石灰性褐土 Cu、Zn 单因子污染指数评价

注：不同字母表示不同处理之间有统计学差异（$P < 0.05$），误差棒表示平均值的标准误差。

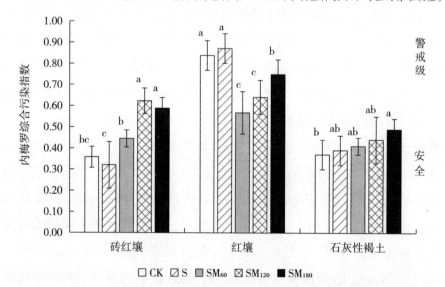

图 6-2 盆栽小白菜砖红壤、红壤和石灰性褐土 Cu、Zn 内梅罗综合污染指数评价

注：不同字母表示不同处理之间有统计学差异（$P < 0.05$），误差棒表示平均值的标准误差。

从三种土壤重金属Cu、Zn的单因子污染指数值来看，施入城市污泥和不同量鸡粪不会造成石灰性褐土Cu、Zn的污染。砖红壤中SM_{120}处理Zn的单因子污染指数达到0.7，污染级别为"警戒级"；红壤中Cu的CK处理和S处理、Zn的SM_{180}处理的单因子污染指数均大于0.7，污染级别为"警戒级"。砖红壤和石灰性褐土Cu、Zn各处理内梅罗综合污染指数均小于0.7，污染级别为"安全"，红壤除SM_{60}处理外，综合污染指数超过0.7，污染级别为"警戒级"。

6.2.1.2 不同pH土壤重金属Cu、Zn潜在生态风险评价

在单因子污染指数和内梅罗综合污染指数的基础上，结合不同重金属的毒性系数，运用潜在生态风险指数法（E_i）和潜在综合生态风险指数法（I_R），对盆栽小白菜砖红壤、红壤和石灰性褐土重金属Cu、Zn进行潜在生态风险总体评价，评价结果如图6-3和图6-4所示。

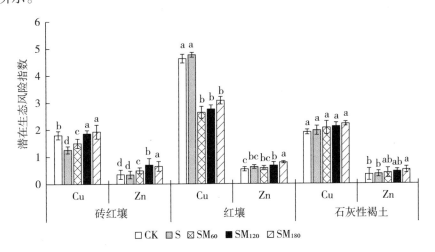

图6-3 盆栽小白菜砖红壤、红壤和石灰性褐土Cu、Zn潜在生态风险评价

注：不同字母表示不同处理之间有统计学差异（$P < 0.05$），误差棒表示平均值的标准误差。

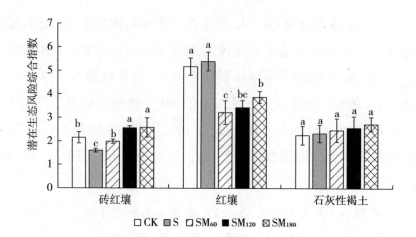

图 6-4 盆栽小白菜砖红壤、红壤和石灰性褐土 Cu、Zn 潜在生态风险综合评价

注: 不同字母表示不同处理之间有统计学差异($P < 0.05$), 误差棒表示平均值的标准误差。

由图 6-3 和图 6-4 可知, 砖红壤中 Cu、Zn 的潜在生态风险指数值范围分别为 1.26～1.93 和 0.34～0.70, 风险值均小于 30, 对应风险等级为"轻微"; 各处理 Cu、Zn 的综合潜在生态风险指数值范围为 1.60～2.58, 均远小于 60, 综合潜在生态风险等级极低, 各处理 Cu、Zn 综合潜在生态风险指数排序为 SM_{180} > SM_{120} > CK > SM_{60} > S。红壤中 Cu、Zn 的潜在生态风险指数值范围分别为 2.64～4.77 和 0.54～0.79, 所有风险值均远小于 30, 对应风险等级为"轻微"; 各处理潜在生态风险综合指数值范围为 3.22～5.39, 均远小于 60, 潜在生态风险等级极低; 各处理潜在生态综合风险指数排序为 S > CK > SM_{180} > SM_{120} > SM_{60}。石灰性褐土中 Cu、Zn 的潜在生态风险指数值范围分别为 1.91～2.22 和 0.34～0.51, 风险值均远小于 30, 对应风险等级为"轻微"; 各处理潜在生态综合指数值范围为 2.25～2.73, 均远小于 60, 潜在生态风险等级为"轻微"; 各处理潜在生态综合风险指数排序为 SM_{180} > SM_{120} > SM_{60} > S > CK。

综上可以看出, 施入城市污泥和不同量鸡粪对三种土壤 Cu、Zn

产生的生态风险极低，三种土壤的生态风险指数值和综合生态风险指数值均未超过 6，远小于生态风险指数和综合生态风险指数Ⅰ等级的指数范围，潜在生态风险指数$E_i < 30$ 和潜在生态风险综合指数$I_R < 60$，潜在生态风险等级为"轻微"。所以，三种土壤中因城市污泥和鸡粪的施入量对土壤造成的重金属 Cu、Zn 的生态风险极低。

6.2.2　盆栽苗期玉米石灰性褐土 Cu、Zn 生态风险评价

6.2.2.1 盆栽玉米（苗期）石灰性褐土重金属Cu、Zn污染指数评价

盆栽三茬苗期玉米石灰性褐土 Cu、Zn 单因子污染指数评价与内梅罗综合污染指数评价如图 6-5 和图 6-6 所示。由图 6-5 和图 6-6 可知，第一茬盆栽玉米石灰性褐土各处理 Cu、Zn 的单因子污染指数值范围分别为 0.27 ～ 0.43 和 0.18 ～ 0.58，综合污染指数值范围为 0.38 ～ 0.58；第二茬石灰性褐土各处理 Cu、Zn 的单因子污染指数值范围分别为 0.25 ～ 0.42 和 0.18 ～ 0.57，综合污染指数值范围为 0.37 ～ 0.58；第三茬石灰性褐土各处理 Cu、Zn 的单因子污染指数值范围分别为 0.24 ～ 0.42 和 0.17 ～ 0.55，综合污染指数值范围为 0.37 ～ 0.58。三茬石灰性褐土单因子和综合污染指数均小于 0.7，污染等级均为"安全"。

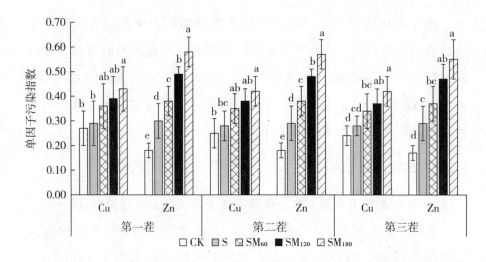

图6-5　盆栽三茬苗期玉米石灰性褐土 Cu、Zn 单因子污染指数评价

注：不同字母表示不同处理之间有统计学差异（$P < 0.05$），误差棒表示平均值的标准误差。

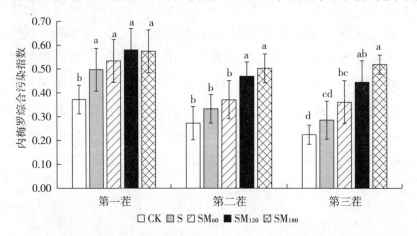

图6-6　盆栽三茬苗期玉米石灰性褐土 Cu、Zn 内梅罗综合污染指数评价

注：不同字母表示不同处理之间有统计学差异（$P < 0.05$），误差棒表示平均值的标准误差。

6.2.2.2 盆栽玉米（苗期）石灰性褐土重金属Cu、Zn 潜在生态风险评价

在单因子污染指数和综合污染指数的基础上，结合不同重金属的毒性系数，运用潜在生态风险指数法（E_i）和潜在综合生态风险指数

法（I_R），对三茬盆栽玉米（苗期）石灰性褐土 Cu、Zn 进行潜在生态风险评价，结果如图 6-7 和图 6-8 所示。

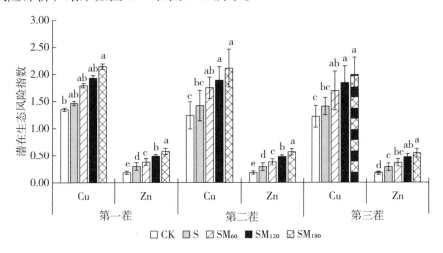

图 6-7　盆栽三茬苗期玉米石灰性褐土 Cu、Zn 潜在生态风险评价

注: 不同字母表示不同处理之间有统计学差异（$P < 0.05$），误差棒表示平均值的标准误差。

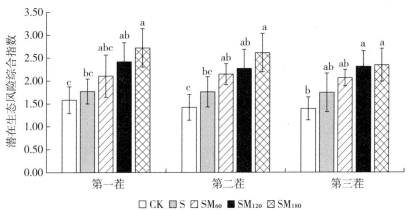

图 6-8　盆栽三茬苗期玉米石灰性褐土 Cu、Zn 潜在生态风险综合评价

注: 不同字母表示不同处理之间有统计学差异（$P < 0.05$），误差棒表示平均值的标准误差。

由图 6-7 和图 6-8 可知，各茬盆栽苗期玉米石灰性褐土各处理 Cu、Zn 的潜在生态风险指数值范围分别为 1.22～2.14 和 0.17～0.58，风险指数值均远小于 30，对应风险等级为"轻微"；各茬各处理潜在生态风险综合指数值范围为 1.39 ～ 2.72，均远小于 60，潜在生态风险等级极低。这说明一次性施入城市污泥和不同量鸡粪对各茬苗期玉米石灰性褐土造成 Cu、Zn 的生态风险极低。

通过上面的分析可知，与 CK 和 S 相比，施入城市污泥与不同量鸡粪增加了各茬盆栽玉米土壤重金属的单因子生态风险指数值和潜在综合生态风险指数值，但单因子风险值和综合风险值均小于 30 和 60，对应评价分级标准，各茬各处理土壤生态风险指数和潜在综合生态风险指数的风险等级为"轻微"，且各茬单因子生态风险指数和潜在综合生态风险指数值差别不大。

6.2.3　大田玉米石灰性褐土 Cu、Zn 生态风险评价

6.2.3.1 大田石灰性褐土重金属 Cu、Zn 污染指数评价

大田玉米石灰性褐土 Cu、Zn 污染指数评价如图 6-9 所示。由图 6-9 可知，石灰性褐土各处理 Cu、Zn 的单因子污染指数值范围分别为 0.26 ～ 0.46 和 0.24 ～ 0.32，综合污染指数值的范围为 0.26 ～ 0.42，单因子和综合污染指数均小于 0.7，对应污染等级为"安全"。与 CK 相比，除 S_L 处理外，其余各处理 Cu 的单因子污染指数和综合污染指数均显著增加（$P < 0.05$），各处理 Zn 的单因子污染指数均显著增加（$P < 0.05$）。这说明施入中、高量城市污泥能够显著增加石灰性褐土中 Cu、Zn 的污染指数（$P < 0.05$），但污染指数均小于 0.7，在安全范围内。

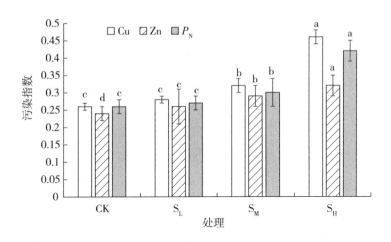

图6-9 大田玉米石灰性褐土 Cu、Zn 污染指数评价

注：不同字母表示不同处理之间有统计学差异（$P < 0.05$），误差棒表示平均值的标准误差。

6.2.3.2 大田石灰性褐土重金属Cu、Zn 潜在生态风险评价

在单因子污染指数和内梅罗综合污染指数的基础上，结合不同重金属的毒性系数，运用潜在生态风险指数法（E_i）和潜在生态风险综合指数法（I_R），对石灰性褐土重金属 Cu、Zn 进行潜在生态风险总体评价，结果如图 6-10 所示。

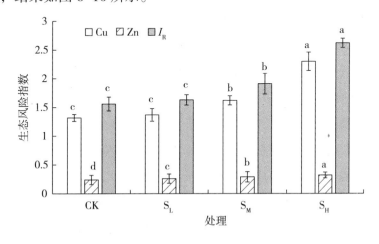

图6-10 大田玉米石灰性褐土 Cu、Zn 生态风险评价

注：不同字母表示不同处理之间有统计学差异（$P < 0.05$），误差棒表示平均值的标准误差。

由图 6-10 可知，石灰性褐土各处理 Cu、Zn 的生态风险指数值范围分别为 1.32 ～ 2.30 和 0.24 ～ 0.32，风险指数值均远小于 30；生态风险综合指数值的范围为 1.56 ～ 2.62，均远小于 60，对应风险等级为"轻微"，生态风险极低。与 CK 相比，除 S_L 处理外，其余各处理 Cu 的生态风险指数和生态风险综合指数均显著增加（$P < 0.05$），各处理 Zn 的生态风险指数均显著增加（$P < 0.05$）。这说明施入中、高量城市污泥能够显著增加石灰性褐土中 Cu、Zn 的生态风险指数（$P < 0.05$），但风险指数均远小于临界值。

6.2.4　施入去除重金属前后城市污泥的盆栽小白菜土壤重金属生态风险评价

6.2.4.1　去除重金属前后土壤重金属污染指数评价

以《土壤环境质量　农用地土壤污染风险管控标准（试行）（GB 15618—2018）》风险筛选值（pH > 7.5）为标准，去除重金属前后土壤重金属单因子污染指数及内梅罗综合污染指数评价见表 6-3。

从表 6-3 中可以看出，施入低量、中量和高量未去除重金属城市污泥的 S（L）、S（M）、S（H）三个处理和施入高量去除重金属城市污泥的 L（H）处理，它们的重金属元素 As 的单项污染指数分别为 0.81（Ⅱ级）、1.13（Ⅲ级）、1.49（Ⅲ级）和 0.71（Ⅱ级），污染等级分别为"警戒级"（0.7 < PI ≤ 1.0）和"轻度污染"（1.0 < PI ≤ 2.0）；四个处理 As 元素的综合污染指数分别为 0.62（Ⅰ级）、0.85（Ⅱ级）、1.10（Ⅲ级）和 0.55（Ⅰ级），污染等级分别对应为"安全"（PN ≤ 0.7）、"警戒级"（0.7 < PN ≤ 1.0）、"轻度污染"（1.0 < PN ≤ 2.0）和"安全"（PN ≤ 0.7），其余 6 种重金属的单项污染指数和综合污染指数均小于 0.7，对应"污染等级"为"安全"。CK 处理以及去除重金属城市污泥的 L（L）和 L（M）三个处理 7 种重金

属的单项污染指数和综合污染指数均小于0.7，对应"污染等级"为"安全"。

总体来看，各处理7种重金属的单项污染指数PI排序：CK处理为 Cd > As > Cu > Cr > Zn > Ni > Pb，S(L)、S（M）和S（H）处理为 As > Cd > Cu > Cr ≥ Zn > Ni > Pb，L（L）、L（M）和L（H）处理为 As > Cd > Cr ≥ Cu > Zn > Ni > Pb；各处理综合污染指数排序为 S(H) > S(M) > S(L) > L(H) > L(M) > L(L) > CK。

从结果来看，7种重金属中As元素的单项污染指数较高，污染等级达到"轻度污染"。虽然其余6种重金属的污染等级均是"安全"，但根据木桶理论的原理，As元素较高的污染指数会导致综合污染指数的增加。所以导致施入未去除重金属城市污泥的S（M）和S（H）处理土壤的污染等级为"警戒级"和"轻度污染"，污泥中的As元素对土壤环境产生较大威胁。说明未去除重金属的城市污泥施入到土壤中会产生一定的重金属污染生态风险，而去除重金属的城市污泥对土壤的重金属污染风险较低。

表6-3　去除重金属前后土壤重金属单因子污染指数

处理	单项污染指数							综合污染指数 P_N
	P_{Cu}	P_{Zn}	P_{Pb}	P_{Cr}	P_{Ni}	P_{Cd}	P_{As}	
CK	0.26	0.20	0.08	0.24	0.13	0.46	0.32	0.36
污染等级	I	I	I	I	I	I	I	I
S(L)	0.28	0.26	0.11	0.27	0.14	0.48	0.81	0.62
污染等级	I	I	I	I	I	I	II	I
S(M)	0.30	0.28	0.11	0.29	0.15	0.49	1.13	0.85
污染等级	I	I	I	I	I	I	III	II
S(H)	0.32	0.30	0.12	0.30	0.15	0.50	1.49	1.10

处理	单项污染指数							综合污染指数 P_N
	P_{Cu}	P_{Zn}	P_{Pb}	P_{Cr}	P_{Ni}	P_{Cd}	P_{As}	
污染等级	I	I	I	I	I	I	III	III
L(L)	0.27	0.24	0.08	0.28	0.13	0.48	0.52	0.42
污染等级	I	I	I	I	I	I	I	I
L(M)	0.28	0.24	0.09	0.28	0.14	0.48	0.66	0.51
污染等级	I	I	I	I	I	I	I	I
L(H)	0.29	0.25	0.10	0.29	0.14	0.49	0.71	0.55
污染等级	I	I	I	I	I	I	II	I

6.2.4.2 去除重金属前后土壤重金属生态风险评价

单项污染指数值和内罗梅综合污染指数值仅表征重金属的外源富集情况，但是不同重金属由于其毒性系数不同，会对土壤环境产生不同等级的风险。而潜在生态风险系数可以根据不同重金属的毒性系数，表征不同重金属对土壤的生态风险。根据式（2）计算了去除重金属前后各处理7种重金属的潜在生态风险系数（E_i）和潜在综合生态风险指数（I_R），对其潜在生态风险进行总体评价，结果见表6-4。

从各处理各重金属的潜在生态风险来看，Cu、Zn、Pb、Cr、Ni、As和Cd元素的潜在生态风险指数值范围分别为1.28～1.60、0.20～0.30、0.41～0.62、0.49～0.59、0.65～0.77、9.5～44.65和6.83～7.46，S（M）、S（H）处理的值超过30，其余风险值均小于30；各处理潜在生态风险综合指数值范围为19.35～55.98，均小于60，潜在生态风险等级为"轻微"。具体来看，施入中、高量未去除重金属城市污泥的S（M）、S（H）处理土壤重金属元素As的潜在生态风险指数分别为33.90和44.65，对应潜在风险等级为"中等"；

潜在生态风险综合指数分别为 44.83 和 55.98，对应潜在风险等级为
"轻微"。其余各处理各重金属的潜在生态风险指数均小于 30，对应
风险等级为"轻微"。总体来看，各处理 7 种重金属的潜在生态风险
指数的排序为 As > Cd > Cu > Ni > Cr ≥ Pb > Zn，各处理潜在生
态综合风险指数排序为 S(H) > S(M) > S(L) > L(H) > L(M) > L(L) >
CK。

综上可以看出，施入高量未去除重金属城市污泥的土壤面临"中
等"潜在生态风险等级，其余处理潜在生态风险等级均为"轻微"。

表6-4 不同处理土壤各重金属潜在生态风险指数和综合风险指数

处理	潜在生态风险指数							潜在生态风险综合指数 I_R
	E_{Cu}	E_{Zn}	E_{Pb}	E_{Cr}	E_{Ni}	E_{Cd}	E_{As}	
CK	1.28	0.20	0.41	0.49	0.65	6.83	9.50	19.35
S(L)	1.42	0.26	0.54	0.54	0.70	7.20	24.40	35.07
S(M)	1.50	0.28	0.53	0.58	0.73	7.31	33.90	44.83
S(H)	1.60	0.30	0.62	0.59	0.77	7.46	44.65	55.98
L(L)	1.35	0.24	0.42	0.56	0.66	7.13	15.65	26.01
L(M)	1.38	0.24	0.44	0.57	0.70	7.17	19.65	30.14
L(H)	1.43	0.25	0.48	0.58	0.69	7.31	21.20	31.94

6.3　讨论与结论

6.3.1　讨论

从污染指数和生态风险指数评价来看，各试验土壤 Cu、Zn 的污染指数和生态风险指数存在一定差异。有研究显示，将污泥或鸡粪施入土壤中需要确定好施用量，否则会对土壤环境产生污染，使得土壤生态风险增加。当污泥配比超过 6% 时，酸性棕壤重金属 Cu、Pb、Cd、Cr 有超标风险。王社平等（2015）试验表明，农田土壤中的重金属 Cu、Zn、Pb、Cr 和 Cd 等含量均随污泥施用比例的增加而显著增加。黄泥土长期连续每年施用污泥后，其中 Cu、Zn、Pb、Cr、Ni、Cd 的含量随污泥用量的增加而增加，且 Cu、Pb、Ni 和 Cr 出现超标现象。

茹淑华等（2015）的研究显示，土壤中重金属 Cu、Zn 及 Cr 含量随着鸡粪施入量的增加显著增加。大田小麦试验表明，污泥堆肥增加了土壤中 Zn、Cu、Cd、As、Hg 等重金属的含量，但未超过《土壤环境质量　农用地土壤污染风险管控标准（试行）》（GB 15618—2018）的规定。将有机肥施入红壤和潮土的盆栽试验发现，Cu、Cd、Cr 和 Pb 含量显著增加。田间长期试验还表明，施用鸡粪能够显著增加土壤中的 Cu、Zn、Cr 含量，连续七年施用高量鸡粪显著增加了小麦籽粒 Zn 和 Cd 含量。

本试验结果显示，盆栽小白菜红壤 Cu、Zn 的单因子和综合污染指数大于 0.7 小于 1，对应污染等级为"警戒级"，其余处理和试验的土壤 Cu、Zn 污染指数值均小于或等于 0.7，对应污染等级为"安全"。且其余试验土壤中施入城市污泥或城市污泥配施不同量鸡粪时，土壤中 Cu、Zn 产生的生态污染风险极低。但毕竟重金属具有在土壤—作物中累积、迁移的特点，所以在实际土地利用过程中，仍要密切关注施肥种类、施肥量、肥料的混合及土壤类型，根据国家发布的土壤和作物相关标准，结合试验数据科学合理施肥，以期实现资源利用、土壤及生态环境的可持续发展。

6.3.2　结论

6.3.2.1　盆栽小白菜不同 pH 土壤重金属 Cu、Zn 生态风险评价

砖红壤和石灰性褐土 Cu、Zn 的单因子污染指数和综合污染指数均小于或等于 0.7，污染等级为"安全"，综合污染等级排序分别为 $SM_{120} > SM_{180} > SM_{60} > S > CK$ 和 $SM_{180} > SM_{120} > SM_{60} > S > CK$。红壤 CK 和 S 处理 Cu 以及 SM_{180} 处理 Zn 的单因子污染指数大于 0.7 小于 1，污染等级为"警戒级"，红壤综合污染指数排序为 $S > CK > SM_{180} > SM_{120} > SM_{60}$。

砖红壤、红壤和石灰性褐土 Cu、Zn 的潜在生态风险指数和潜在生态风险综合指数小于 6，远小于二者的临界值 30 和 60，风险等级为"轻微"。

6.3.2.2　盆栽苗期玉米土壤重金属 Cu、Zn 生态风险评价

盆栽三茬玉米石灰性褐土各处理 Cu、Zn 的单因子污染指数均小于 0.7，综合污染指数值范围为 0.36～0.55，单因子和综合污染等级均为"安全"。

各处理 Cu、Zn 的潜在生态风险指数值范围分别为 1.22～2.14 和 0.17～0.58，风险指数值均远小于 30，对应风险等级为"轻微"；各

茬各处理潜在生态风险综合指数值范围为 1.39 ～ 2.72，均远小于 60，潜在生态风险等级极低。

6.3.2.3 大田玉米石灰性褐土重金属 Cu、Zn 生态风险评价

石灰性褐土各处理 Cu、Zn 的单因子污染指数值范围分别为 0.26 ～ 0.46 和 0.24 ～ 0.32，综合污染指数值范围为 0.26 ～ 0.42，单因子和综合污染指数均小于 0.7，对应污染等级为"安全"。各处理 Cu、Zn 的生态风险指数值范围分别为 1.32 ～ 2.30 和 0.24 ～ 0.32，风险指数值均远小于 30，生态风险综合指数值范围为 1.56 ～ 2.62，均远小于 60，对应风险等级为"轻微"，生态风险极低。

第 7 章　结论、不足与展望

7.1　结论

7.1.1　施用重金属去除前后的城市污泥对土壤—小白菜的影响

7.1.1.1　对小白菜的影响

随着城市污泥施用量的增加，两种处理的城市污泥均增加了小白菜株高、地上部/地下部干重，且增加量不断提高；而且，去除重金属的城市污泥比未去除重金属的城市污泥更能增加小白菜株高和地上部干重，但对于根长和地下部干重来说，这种作用正好相反。

随着两种处理城市污泥施用量的增加，小白菜全氮、全磷和全钾含量呈增加趋势，而且增加量不断提高；但处理过的城市污泥比未处理过的城市污泥更能增加石灰性褐土中小白菜全氮、全磷和全钾的含量。这说明施用未去除重金属和去除重金属的城市污泥都可以增加石灰性褐土中小白菜全氮、全磷和全钾的含量，且处理过的城市污泥对小白菜全氮、全磷和全钾含量的促进作用更大。

施用未去除重金属和去除重金属的城市污泥都不同程度地增加了小白菜中 Cu、Zn 的含量，但去除重金属的城市污泥与未去除重金属的城市污泥相比，前者小白菜中 Cu、Zn 的含量增加幅度较小，且不同量城市污泥的施入对小白菜 Cu 含量的影响大于对 Zn 含量的影响。

施用两种城市污泥都不同程度地增加了小白菜中 Cu 的富集，去除重金属的城市污泥的低、中施用量可以降低小白菜中 Zn 的富集，但未去除重金属的城市污泥的各处理和去除重金属的城市污泥高施用量处理均增加了小白菜中 Zn 的富集。小白菜中 Zn 的富集系数大于 Cu，且 Cu、Zn 的富集系数均小于 1。

7.1.1.2 对石灰性褐土的影响

施用两种处理的城市污泥都不同程度地降低了石灰性褐土的 pH，但去除重金属的城市污泥与未去除重金属的城市污泥相比，前者对石灰性褐土 pH 降低的作用更大。

施用未去除重金属和去除重金属的城市污泥都不同程度地增加了石灰性褐土有机质含量，但未去除重金属的城市污泥与去除重金属的城市污泥相比，前者对石灰性褐土有机质含量的促进作用更大。

施用未去除重金属和去除重金属的城市污泥都不同程度地增加了石灰性褐土中 Cu、Zn 的含量，但去除重金属的城市污泥与未去除重金属的城市污泥相比，前者对石灰性褐土中 Cu、Zn 的促进作用较小。而且，不同量城市污泥的施入对石灰性褐土中 Cu 含量的影响大于对 Zn 含量的影响。

7.1.2 城市污泥与鸡粪配施对不同酸碱性土壤－小白菜的影响

7.1.2.1 对小白菜生长的影响

城市污泥与不同量鸡粪施入砖红壤、红壤及石灰性褐土的小白菜盆栽中，小白菜株高、根长和地上部 / 地下部干重均呈先增加后降低的趋势。小白菜生长和生物量由大到小为红壤 > 石灰性褐土 > 砖红壤。

7.1.2.2 对三种土壤小白菜地上部分 Cu、Zn 含量的影响

总体来看，随着定量城市污泥配施鸡粪量的增加，砖红壤小白菜地上部分 Cu、Zn 含量显著增加；红壤小白菜地上部分 Cu 含量呈现先增加后降低的趋势，Zn 含量呈增加趋势，但均差异不显著；石灰性褐土小白菜地上部分 Cu、Zn 含量均呈先增加后降低的变化趋势，

Cu 的增加量基本小于 Zn 的增加量，并且随着配施鸡粪量的增加，这种差异变大。

7.1.2.3 对三种土壤小白菜 Cu、Zn 富集的影响

与单施入城市污泥的 S 处理相比，随着鸡粪施用量的增加，砖红壤小白菜 Cu 的富集系数显著减小；红壤小白菜 Cu 的富集系数在低量鸡粪处理时增加显著，中、高量鸡粪处理时增加不显著；石灰性褐土 Cu 的富集系数显著增加；砖红壤、红壤中小白菜 Zn 的富集系数显著减小；石灰性褐土中低、中量鸡粪处理小白菜 Zn 的富集系数减小，但各处理的差异均不显著。

这说明鸡粪有机肥可以降低砖红壤上小白菜中 Cu 的富集，增加红壤和石灰性褐土上小白菜中 Cu 的富集。除石灰性褐土的高量鸡粪处理外，砖红壤、红壤和石灰性褐土上小白菜中 Zn 的富集都有所降低。

7.1.2.4 对不同土壤有机质及 pH 的影响

砖红壤、红壤和石灰性褐土中单施入城市污泥能够增加其中有机质的含量，但红壤增加不显著。与单施入城市污泥相比，将城市污泥与不同量鸡粪配施到三种土壤中，随着鸡粪施用量的增加，除石灰性褐土的 SM_{60} 处理外，三种土壤各处理有机质含量均随之显著增加，且砖红壤和红壤各处理有机质含量增加的幅度较大。这说明施入城市污泥和鸡粪可以增加不同酸碱性土壤的有机质含量，尤其对于 pH 较低的土壤，有机质增加幅度较大。

随着城市污泥和不同量鸡粪的施入，砖红壤和红壤 pH 呈增加趋势，石灰性褐土的 pH 呈减小趋势。随着鸡粪施用量的增加，与砖红壤和石灰性褐土相比，红壤 pH 增加幅度较大。这说明施入城市污泥和不同量鸡粪可以增加酸性土壤的 pH，而降低碱性土壤的 pH。

7.1.2.5 对不同土壤重金属 Cu、Zn 含量的影响

将城市污泥与不同量鸡粪混合施入砖红壤、红壤及石灰性褐土的小白菜盆栽中，总体来看，三种土壤中 Cu、Zn 含量均呈增加趋势；砖红壤、红壤和石灰性褐土中单施入城市污泥均能够增加其中 Cu、Zn 的含量，除红壤中 Cu 含量增加不显著外，其余均显著增加；与单施入城市污泥相比，随着鸡粪施用量的增加，三种土壤中 Cu、Zn 含量均随之显著增加。

试验结果显示，虽然各处理三种土壤中 Cu、Zn 含量均小于《土壤环境质量 农用地土壤污染风险管控标准（试行）》（GB 15618—2018）中规定的限值，但在农业生产活动中仍然要密切注意施入有机肥带入土壤中的重金属。

7.1.2.6 对不同土壤重金属有效态 Cu、Zn 含量的影响

随定量城市污泥和鸡粪配施量的增加，与 CK 和 S 处理相比，砖红壤有效态 Cu、Zn 含量呈显著增加趋势；红壤及石灰性褐土有效态 Cu 含量呈先增加后降低的变化趋势，且变化显著，有效态 Zn 含量呈显著增加趋势。但红壤有效态 Cu 含量在 SM_{120} 处理时相对最大，石灰性褐土有效态 Cu 在 SM_{60} 处理时相对最大，且石灰性褐土有效态 Cu 含量从 SM_{60} 到 SM_{180} 依次显著降低。

7.1.3 城市污泥配施不同量鸡粪对石灰性褐土 – 苗期玉米的影响

7.1.3.1 对苗期玉米生长的影响

定量城市污泥和不同量鸡粪施入盆栽苗期玉米石灰性褐土中，随着鸡粪施用量的增加，三茬苗期玉米株高、根长、地上部干重和地下部干重均呈先升高后降低的趋势，且各指标值由大到小均为第一茬 > 第二茬 > 第三茬。随着鸡粪施用量的增加，各茬各处理的株高和地上部干重均有所增加，但增加量不断减小。

7.1.3.2 对苗期玉米石灰性褐土重金属 Cu、Zn 含量的影响

三茬苗期玉米石灰性褐土中的全量 Cu、全量 Zn 含量与 CK 和 S 处理相比，均随着鸡粪施用量的增加而增加，但远低于《土壤环境质量 农用地土壤污染风险管控标准（试行）》（GB 15618—2018）中规定的标准值（6.5 < pH ≤ 7.5 时，Cu、Zn 的标准限值分别为 100 mg/kg 和 250 mg/kg；pH > 7.5 时，Cu、Zn 的标准限值分别为 100 mg/kg 和 300 mg/kg）。

随着种植茬数的增加，全量 Cu、全量 Zn、有效态 Cu 和有效态 Zn 的含量均减少。而且，有效态 Cu 含量随着鸡粪施用量的增加而降低，有效态 Zn 含量随鸡粪施用量的增加而增加。

7.1.3.3 对三茬苗期玉米中重金属 Cu、Zn 含量的影响

三茬苗期玉米各处理地下部 Cu、Zn 含量均高于地上部。随着鸡粪配施量的增加，各处理地上部和地下部 Cu 含量呈降低趋势，Zn 含量呈增加趋势。随着种植茬数的增加，苗期玉米中 Cu、Zn 含量有降低趋势，但差异不显著。

7.1.3.4 对三茬苗期玉米 Cu、Zn 富集迁移的影响

随着城市污泥配施不同量鸡粪的增加，三茬苗期玉米对 Cu 和 Zn 的富集系数均呈降低趋势，且 Zn 的降低量大于 Cu；Cu 的转运系数增加，Zn 的转运系数影响不明显。

7.1.4 城市污泥对玉米生长及重金属累积的影响

（1）随着污泥施用量的增加，玉米四个生长期（苗期、拔节期、抽穗期和成熟期）玉米株高、根长、株鲜重、株干重、根鲜重和根干重均呈增加趋势；成熟期玉米茎、叶和苞叶的重量以及玉米的穗长、穗粗、行粒数、秃尖长和百粒重均随着城市污泥施用量的增加呈增加趋势。且与 CK 相比，除穗粒数和百粒重增加不显著外，高污泥施入

量处理的上述所有指标均显著增加，而低、中污泥施入量处理的各指标值变化规律不一致。

（2）随着污泥施用量的增加，成熟期玉米土壤中重金属 Cu、Zn 含量呈增加趋势。而且，低量城市污泥对 Zn 含量的增加作用大于 Cu，中、高量城市污泥对 Cu 含量的影响作用大于 Zn。随着污泥施用量的增加，玉米籽粒中 Cu、Zn 含量增加。其中，Cu 含量呈先增加后降低趋势，Zn 含量呈不断增加趋势，且 Cu 的增加量不断减小，而 Zn 的增加量呈增大趋势。

（3）随着污泥施用量的增加，玉米籽粒中 Cu、Zn 的富集系数呈先增加后降低的趋势。玉米籽粒中 Cu 的富集系数小于 Zn 的富集系数，且富集系数均小于 1。

（4）石灰性褐土大田玉米最佳施用城市污泥量为 8 t/ha，虽然高量处理（S_H 处理）产量最大为 13.04 kg/小区，但与中量处理（S_M 处理）差异不显著。

7.1.5 各试验土壤 Cu、Zn 生态风险评价

盆栽小白菜红壤 Cu、Zn 的单因子污染指数（P_i）和内梅罗综合污染指数（P_N）值大于 0.7 且小于 1，污染等级为"警戒级"，其余各试验各土壤 Cu、Zn 单因子污染指数和内梅罗综合污染指数均小于或等于 0.7，污染等级均为"安全"。各试验土壤 Cu、Zn 潜在生态风险指数（E_i）和潜在生态风险综合指数（I_R）值均未超过 10，远小于两者的临界值 30 和 60。这说明将城市污泥和不同量鸡粪配施基本不会造成土壤 Cu、Zn 的污染，潜在生态风险极低。

7.2 不足

（1）研究城市污泥配施不同量鸡粪对土壤和作物中 Cu、Zn 累积的影响时，未将土壤微生物的影响考虑在内，这使得试验结果有些片面。

（2）供试土壤砖红壤和红壤在北方的气候条件下进行盆栽试验，可能会使得试验结果不够客观。

（3）大田试验只进行了一季一种作物，可能导致结果有些片面。

7.3 展望

（1）今后要再增加对重金属较为敏感的其他科属的作物，进一步进行盆栽试验，同时进行大棚试验，进行对比研究。

（2）今后可以设计在林地、草地和需要生态修复的土壤上进行施加鸡粪和城市污泥的试验，并进行较长时间的定位研究，以期获得更加客观全面的数据。

（3）今后要将 Cd、As、Pb、Cr、Ni 等重金属的全量及各种形态全部测定出来进行土壤重金属生态风险评价与分析，增加作物的健康风险评价，以期得到更客观的结论。

参考文献

蔡璐，陈同斌，高定，等，2010. 中国大中型城市的城市污泥热值分析 [J]. 中国给水排水，26(15):106–108.

常海刚，李广，袁建钰，等，2022. 不同施肥方式对甘肃陇中黄土丘陵区春小麦土壤养分及产量的影响 [J]. 作物杂志，2022(5)：160–166.

常静，李蕴华，凤英，等，2020. 畜禽粪污源抗生素污染对土壤和作物的潜在风险及对策 [J]. 畜牧与饲料科学，41(6)：50–55.

陈同斌，陈志军，1998. 土壤中溶解性有机质及其对污染物吸附和解吸行为的影响 [J]. 植物营养与肥料学报，4(3): 201–210.

陈香碧，胡亚军，秦红灵，等，2020. 稻作系统有机肥替代部分化肥的土壤氮循环特征及增产机制 [J]. 应用生态学报，31(3): 1033–1042.

陈萍丽，2006. 重庆市城市污泥特性及其农用安全性研究 [D]. 重庆：西南大学.

陈燕，2012. MAD 工艺对城市剩余污泥中病原菌的杀灭效应研究 [D]. 无锡：江南大学.

褚赟，2009. 污泥中的苯系物与苯酚及其释放特征研究 [D]. 杭州：浙江大学.

戴亮，任珺，陶玲，等，2013. 兰州市城市污泥施用对玉米生理特性的影响 [J]. 干旱地区农业研究，31(1): 133–139.

董文，张青，王煌平，等，2021. 长期施用污泥对土壤 – 萝卜系统重金属积累及土壤养分含量的影响 [J]. 农业资源与环境学报，38(4): 647–654.

冯凯，黄鸥，2011. 石灰调质与石灰干化工艺在污泥脱水中的应用 [J]. 给水排水，47(5):7–10.

郭冬生，彭小兰，龚群辉，等，2012. 畜禽粪便污染与治理利用方法研究进展 [J]. 浙江农业学报，24(6)：1164–1170.

郭首龙，2013. 畜禽粪便污染环境的原因分析及防治对策 . 湖北畜牧兽医，34(11)：79–87.

国彬，2009. 农用畜禽废物抗生素的污染特征和环境归宿研究 [D]. 广州：暨南大学.

郝慧娟, 陈万明, 吕运涛, 等, 2019. 有机肥中重金属含量分析及在土壤—蔬菜中的累积状况评估 (英文)[J]. Agricultural Science & Technology, 20(3): 39–46.

郝斯贝, 刘成斌, 陈晓燕, 等, 2021. 畜禽粪便中氮磷及抗生素的高效检测方法研究进展 [J]. 中国环境科学, 41(4)：1746–1755.

何梦媛, 董同喜, 茹淑华, 等, 2017. 畜禽粪便有机肥中重金属在土壤剖面中积累迁移特征及生物有效性差异 [J]. 环境科学, 38(4): 1576–1586.

何品晶, 顾国维, 李笃中, 等, 2003. 城市污泥处理与利用 [M]. 北京 : 科学出版社, 2003.

黄鸿翔, 李书田, 李向林, 等, 2006. 我国有机肥的现状与发展前景分析 [J]. 土壤肥料 (1): 3–8.

黄林, 乔俊辉, 郭康莉, 等, 2017. 连续施用无害化污泥对沙质潮土土壤肥力和微生物学性质的影响 [J]. 中国土壤与肥料 (5): 80–86.

黄明, 2009. 城市污水污泥中重金属的生物沥滤技术试验研究 [D]. 重庆 : 重庆大学 .

姜萍, 金盛杨, 郝秀珍, 等, 2010. 重金属在猪饲料 – 粪便 – 土壤 – 蔬菜中的分布特征研究 [J]. 农业环境科学学报, 29(5)：942–947.

姜瑞勋, 2008. 污泥低温薄层干燥及污染物析出特性研究 [D]. 大连 : 大连理工大学 .

金燕, 李艳霞, 陈同斌, 等, 2002. 污泥及其复合肥对蔬菜产量及重金属积累的影响 [J]. 植物营养与肥料学报 (3): 288–291.

康少杰, 刘善江, 李文庆, 等, 2011. 污泥肥对油菜品质性状及其重金属累积特征的影响 [J]. 水土保持学报, 25(1): 92–95.

匡鸿, 马勇, 王诚, 等, 2012. 城市污泥深度脱水和水泥窑协同处理的集成应用 [J]. 水泥技术 (5):34–38.

李勃, 李国梁, 曾正中, 等, 2016. 污泥改性黄土对胡麻生长及 Cd、Ni、Pb 的吸收实验 [J]. 环境科学与技术, 39(9): 65–70.

李飞，董锁成，2011. 西部地区畜禽养殖污染负荷与资源化路径研究 [J]. 资源科学，33(11):2204-2211.

李书田，刘荣乐，陕红，2009. 我国主要畜禽粪便养分含量及变化分析 [J]. 农业环境科学学报，28(1)：179-184.

李晓晖，艾仙斌，黄凯，等，2020. 畜禽粪便中有害成分的无害化处理研究进展 [J]. 家畜生态学报，41(4)：8-13.

李印霞，刘碧波，曹志林，等，2020. 酸去除剩余活性污泥重金属效果及农用安全性 [J]. 安全与环境学报，20(1)：271-276.

李季，吴为中，2003. 国内外污水处理厂污泥产生、处理及处置分析 [C]. 上海：污泥研讨会.

李晓晨，赵丽，印华斌，2008. 城市污水处理过程中污泥的理化特性研究 [J]. 中国给水排水 (9):78-82.

梁丽娜，黄雅曦，杨合法，等，2009. 污泥农用对土壤和作物重金属累积及作物产量的影响 [J]. 农业工程学报，25(6)：81-86.

林晓红，2008. 城市污泥在花卉栽培上的应用研究 [D]. 福州：福建农林大学.

刘维涛，周启星，2010. 不同土壤改良剂及其组合对降低大白菜镉和铅含量的作用 [J]. 环境科学学报，30(9)：1846-1853.

刘福东，2008. 填埋场固化污泥屏障材料的阻滞特性研究 [D]. 长沙：中南大学.

刘丽芳，2010. 生物淋滤法去除污泥中重金属的动态试验研究 [D]. 太原：太原理工大学.

鲁群，2006. 武汉城市污水处理厂污泥特征及其处置方案研究 [D]. 武汉：武汉理工大学.

明银安，2009. 城市污泥果肥利用研究 [D]. 武汉：华中科技大学.

孟繁宇，姜珺秋，赵庆良，等，2014. 施污泥对盐碱土理化性质和小麦生长的影响 [J]. 环境科学与技术，37(9)：126-132.

彭丽，孙勃岩，王权，等，2017. 陕西杨凌规模化养殖场饲料及粪便中养分和重金属含量分析 [J]. 西北农林科技大学学报 (自然科学版), 45(5): 123–129.

茹淑华 , 张国印 , 杨军芳 , 等 , 2015. 鸡粪和猪粪对小麦生长及土壤重金属累积的影响 [J]. 华北农学报 (增刊 1): 494–499.

石博文 , 2016. 鸡粪对棕壤土养分、重金属含量及秋葵生长的影响 [D]. 天津 : 天津农学院 .

石晓晓 , 郑国砥 , 高定 , 等 , 2021. 中国畜禽粪便养分资源总量及替代化肥潜力 [J]. 资源科学 , 43(2): 403–411.

宋琳琳 , 铁梅 , 张朝红 , 等 , 2012. 施用污泥对土壤重金属形态分布和生物有效性的影响 [J]. 应用生态学报 , 23(10): 2701–2707.

铁梅 , 宋琳琳 , 惠秀娟 , 等 , 2013. 污泥与施污土壤重金属生物活性及生态风险评价 [J]. 土壤通报 , 44(1): 215–221.

王东鑫 , 胡超 , 张静 , 等 , 2013. 海南省城镇污水处理厂污染物减排特征分析 [J]. 环境污染与防治 , 35(10):17–23.

王福山 , 2012. 畜禽粪肥重金属残留对农产品和土壤环境的影响 [D]. 杭州 : 浙江大学 .

王改玲 , 李立科 , 郝明德 , 等 , 2010. 长期定位施肥对土壤重金属含量的影响及环境评价 [J]. 水土保持学报 (3): 60–63.

王亮 , 2012. 牛粪好氧堆肥中微生物多样性及生产应用研究 [D]. 北京 : 北京林业大学 .

王璐 , 杨胜香 , 赵东波 , 等 , 2020. 不同有机废弃物对铅锌尾矿基质性质和植物生长的影响 [J]. 农业环境科学学报 , 39(9): 1946–1956.

王美 , 李书田 , 2014. 肥料重金属含量状况及施肥对土壤和作物重金属富集的影响 [J]. 植物营养与肥料学报 , 20(2): 466–480.

王社平 , 程晓波 , 姚岚 , 等 , 2015. 施用城市污泥堆肥对土壤和青椒重金属积累的影响 [J]. 农业环境科学学报 , 34(9): 1829–1836.

武春燕 , 2017. 不同有机物及畜禽粪便和污泥混合产甲烷特性 [D]. 晋中 :

山西农业大学.

温洋, 杨露晴, 贺平丽, 2021. 动物养殖过程中重金属污染途径、体内代谢及安全控制措施 [J]. 中国畜牧杂志, 57(12): 61–66.

吴丹, 2011. 太湖流域畜禽养殖非点源污染控制政策的实证分析 [D]. 杭州: 浙江大学.

吴清清, 马军伟, 姜丽娜, 等, 2010. 鸡粪和垃圾有机肥对苋菜生长及土壤重金属积累的影响 [J]. 农业环境科学学报, 29(7): 1302–1309.

徐万强, 孙世友, 侯利敏, 等, 2017. 有机无机钝化剂及组合对重金属污染土壤上小白菜吸收 Pb 和 Cd 的影响 [J]. 华北农学报 (增刊 1): 290–295.

徐轶群, 熊慧欣, 许健, 等, 2016. 城市污泥及蚓粪施用对生菜和土壤中重金属 (Cr、Pb 和 Cd) 积累的影响 [J]. 环境工程, 34(5): 118–122.

薛同宣, 张开心, 孔雀飞, 等, 2020. 无抗养殖鸡粪与化肥配施对玉米生长及土壤理化性状的影响 [J]. 山东农业科学, 52(4): 106–111.

谢畅, 2011. 污泥处理新工艺与机理研究 [D]. 湘潭: 湘潭大学.

余杰, 田宁宁, 王凯军, 2005. 我国污泥处理、处置技术政策探讨 [J]. 中国给水排水, 2005(8):84–87.

杨丽标, 张丽娟, 邹国元, 等, 2009. 生活污泥堆肥氮磷矿化特性及对芹菜生长的影响 [J]. 土壤通报, 40(4): 833–837.

杨文娟, 2012. 不同添加剂处理污泥农用资源化试验研究 [D]. 扬州: 扬州大学.

姚丽贤, 李国良, 何兆桓, 等, 2007. 连续施用鸡粪对菜心产量和重金属含量的影响 [J]. 环境科学 (5): 1113–1120.

于欣鑫, 2021. 呼和浩特市地下水三氮污染预测模型研究 [D]. 呼和浩特: 内蒙古工业大学.

张晓东, 冯涛华, 2006. 病原诊断是畜禽合理应用抗药菌的基础 [J]. 中国畜业导刊 (24): 36.

张晓琳, 鄂勇, 胡振帮, 等, 2010. 污泥施田后土壤和玉米植株中重金属

分布特征 [J]. 土壤通报 , 41(2): 479–484.

张妍 , 罗维 , 崔骁勇 , 等 , 2011. 施用鸡粪对土壤与小白菜中 Cu 和 Zn 累积的影响 [J]. 生态学报 , 31(12): 3460–3467.

张艺腾 , 范禹博 , 徐笑天 , 等 , 2018. 鸡粪生物炭对土壤铜和锌形态及植物吸收的影响 [J]. 农业环境科学学报 , 37(11): 2514–2521.

张玉树 , 丁洪 , 王飞 , 等 , 2014. 长期施用不同肥料的土壤有机氮组分变化特征 [J]. 农业环境科学学报 , 33(10): 1981–1986.

张辉 , 2013. 污泥复合燃料热利用特征与灰渣成型性能 [D]. 杭州 : 浙江大学 .

张勇 , 2014. 我国污泥处理处置现状及发展前景 [J]. 中国资源综合利用 , 32(10):23–26.

张增强 , 薛澄泽 , 1997. 污泥堆肥对几种草坪草生长的响应 [J]. 草业学报 (1):58–66.

钟承辰 ,2015. 城市污泥资源化利用对土壤及植物的影响研究 [D]. 咸阳 : 西北农林科技大学 .

周旭红 , 郑卫星 , 祝坚 , 等 , 2008. 污泥焚烧技术的研究进展 [J]. 能源环境保护 (4)： 5–8, 31.

邹绍文 , 张树清 , 王玉军 , 等 , 2005. 中国城市污泥的性质和处置方式及土地利用前景 [J]. 中国农学通报 , (1):198–201, 282.

翟丽梅 , 张继宗 , 刘宏斌 , 等 , 2010. 生活污泥对白菜供磷和土壤磷状况的影响 [J]. 植物营养与肥料学报 , 16(3): 688–694.

朱建春 , 李荣华 , 张增强 , 等 , 2013. 陕西规模化猪场猪粪与饲料重金属含量研究 [J]. 农业机械学报 , 44(11)： 98–104.

朱琳莹 , 许修宏 , 姜虎 , 等 , 2012. 污泥堆肥对盐碱土土壤环境和作物生长的影响 [J]. 水土保持学报 , 26(6): 135–138, 146.

BERNAL P M, PAREDES C, et al., 1998. Maturity and stability Parameters of composts prepared with a wide range of organic wastes[J]. Bioresource Technology(63):91–99.

DANIEL J A, SHARPLEY A N, STEWART B A, et al., 1993. Environmental impact of animal manure management in the southern plains[R]. Spokane, Washington: UADA-ARS: 6-7.

HALL J E, 1995, Sewage sludge production treatment and disposal in the European Union[J]. Charted Institution of Water and Environmental Management, 19(8):335-343.

HOODA P S, TRUESDALE V W, EDWARDS A C, et al., 2001, Manuring and fertilization effects on phosphorus accumulation in soils and potential environmental implications[J]. Advances in Environmental Research, 5(1): 13-21.

LIANG C, DAS K C, MCCLENDON R W, 2003.. The influence of temperature and moisture contents regimes on the aerobic microbial activity of a biosolids composting blend[J]. Bioresource Technology, 86(2):131-137.

SANGWAN P, KAUSHIK C P, 2010, Vermicomposting of sugar industry waste (press mud) mixed with cow dung employing an epigeic earth worm Eisenia fetida [J].Waste Manag Res, 28(1):71-75.

TRIPATHI G, BHARDWAJ P, 2004. Comparative studies on biomass production, life cycles and composting efficiency of Eisenia fetida (Savigny) and Lampito mauritii(Kinberg) [J].Bioresource Technology, 92(3):275-283.

URCIUOLO M, SOLIMENE R, CHIRONE R, et al., 2012, Fluidized bed combustion and fragmentation of wet sewage sludge[J]. Experimental Thermal and Fluid Science, 43(11): 97-104.

WALTER I, MARTINEZ F, CALA V, 2006. Heavy metal speciation and phytotoxic effects of three representative sewage sludges for agricultural uses[J]. Environmental Pollution, 139(3): 507-514.

WONG J W C, FUNG S O, SELVAM A, 2009. Coal fly ash and lime addition enhances the rate and efficiency of decomposition of food waste during composting[J]. Bioresource Technology, 100(13): 3324-3331.

YANG G, ZHANG G, WANG H, 2015. Current state of sludge production, management, treatment and disposal in China[J]. Water Research, 78: 60–73.

YIN B, ZHOU L, YIN B, et al., 2016. Effects of organic amendments on rice (Oryza sativa L.) growth and uptake of heavy metals in contaminated soil [J].Journal of soil and sediments, 16(2):537–546.

ZHANG Q H, YANG W N, NGO H H, et al., 2016.Current status of urban wastewater treatment plants in China[J]. Environment International, 92–93: 11–22.

ZHANG X, ERIC A, DENISE L, et al., 2015. Managing nitrogen for sustainable development[J]. Nature, 528(7580), 51–59.

ZHEN H Y, JIA L, HUANG C D, et al., 2020. Long–term effects of intensive application of manure on heavy metal pollution risk in protected–field vegetable production[J]. Environmental Pollution, 263：114552.

ZHENG C, LIU Y, Bluemling B, et al., 2013. Modeling the environmental behavior and performance of livestock farmers in China: An ABM approach[J]. Agricultural Systems, 122: 60–72.

ZHENG G D, WANG X K, CHEN T B, et al., 2020. Passivation of lead and cadmium and increase of the nutrient content during sewage sludge composting by phosphate amendments[J]. Environmental Research, 185：109431.